Rheinisch-Westfälische Akademie der Wissenschaften

Natur-, Ingenieur- und Wirtschaftswissenschaften   Vorträge · N 304

Herausgegeben von der
Rheinisch-Westfälischen Akademie der Wissenschaften

HERMANN FLOHN

Kohlendioxyd, Spurengase und Glashauseffekt:
ihre Rolle für die Zukunft unseres Klimas

Springer Fachmedien Wiesbaden GmbH

272. Sitzung am 3. Oktober 1979 in Düsseldorf

CIP-Kurztitelaufnahme der Deutschen Bibliothek

Flohn, Hermann:
Kohlendioxyd, Spurengase und Glashauseffekt: ihre Rolle für die Zukunft unseres Klimas / Hermann Flohn.

(Vorträge / Rheinisch-Westfälische Akademie der Wissenschaften: Natur-, Ingenieur- u. Wirtschaftswissenschaften; N 304)
ISBN 978-3-531-08304-9   ISBN 978-3-663-14391-8 (eBook)
DOI 10.1007/978-3-663-14391-8
NE: Rheinisch-Westfälische Akademie der Wissenschaften ‹Düsseldorf›: Vorträge / Natur-, Ingenieur- und Wirtschaftswissenschaften

© 1981 by Springer Fachmedien Wiesbaden
Ursprünglich erschienen bei Westdeutscher Verlag GmbH Opladen 1981

ISSN 0066-5754
ISBN 978-3-531-08304-9

Inhalt

Hermann Flohn, Bonn
Kohlendioxyd, Spurengase und Glashauseffekt:
ihre Rolle für die Zukunft unseres Klimas

1. Einleitung	7
2. Klima als Problem: heute	8
3. Natürliche Klimafaktoren	10
4. Anthropogene Klimafaktoren	11
5. Klimawirkung des CO_2	15
6. Aussichten für die Zukunft	18
7. Warmphasen der Vergangenheit	20
8. Schlußbemerkungen	24
Summary	25
Anhang: Ozeanische Auftriebsvorgänge und Klima-Schwankungen	26
Literatur	35

Diskussionsbeiträge:

Professor Dr. agr. *Hermann Kick;* Professor Dr. phil. nat. habil. *Hermann Flohn;* Professor Dr. rer. nat. *Dietrich H. Welte;* Professor Dr. sc. techn. *Alfred Fettweis;* Professor Dr. rer. nat. Dr. h. c. mult. *Günther Wilke;* Professor Dr. rer. nat. *Ehrhard Raschke;* Professor Dr. rer. nat. *Eckard Rebhan;* Professor Dr.-Ing. *August Wilhelm Quick* 39

1. Einleitung

Wir bezeichnen unser Zeitalter gerne als das der *industriellen Revolution*. Ihre erste Phase begann mit Dampfmaschine und Elektromotor – ihre zweite mit Regelungstechnik und Computer. Aber der größte Kulturforschritt der Menschheit fand schon vor acht- bis zehntausend Jahren statt, als die ersten Getreidearten gezüchtet wurden und die ersten Großtiere domesziziert wurden: die *neolithische Revolution*, die die alten Hochkulturen überhaupt erst ermöglichte und zugleich die Voraussetzung für die weltweite Arbeitsteilung von heute schuf. Sie hat seither eine Landfläche von 40 bis 50 Millionen km² (d. h. fast 10% der Erdoberfläche) physikalisch-biologisch so verändert – durch Zerstörung und Umwandlung der natürlichen Vegetation, des Bodens und des Wasserhaushalts – daß die Randbedingungen des Klimas heute mindestens regional andere sind als vorher. Und das schreitet unter unseren Augen weiter fort: jedes Jahr werden nach offiziellen FAO-Statistiken über 100.000 km² tropischen Urwalds abgeholzt und in Maisfelder oder Weideflächen verwandelt. Auf die damit einhergehenden irreversiblen Änderungen der Bodenfruchtbarkeit brauche ich in diesem Zusammenhang nicht einzugehen. Ebenso erfaßt der Prozeß der Ausbreitung der Wüsten (Desertifikation) durch Überweidung, Vegetations- und Bodenzerstörung nach den Feststellungen der UNEP in Nairobi in jedem Jahr eine Fläche von rund 60.000 km², meist in semiaridem oder gar semihumidem Klima.

Aber die industrielle Revolution hat mit der Nutzung fossiler Brennstoffe ein *geophysikalisches Experiment* größten Stils (REVELLE und SUESS 1957) in Gang gesetzt. Dieses Experiment ändert die *Zusammensetzung* der Atmosphäre, insbesondere die Konzentration einiger klimawirksamer Spurengase: wegen der raschen Durchmischung der Atmosphäre – rasch (Skala: ein Jahr) jedenfalls in der Troposphäre, die 75 bis 80% ihrer Masse enthält – wirkt sich dies praktisch ohne Verzögerung auf der ganzen Erde aus. Was die Photosynthese biologischer Prozesse seit mehr als 400 Ma (1 Ma = 10^6 Jahre) als Kohle, Erdöl, Erdgas geschaffen hat, und was zu einem kleinen Bruchteil gespeichert worden ist, wird jetzt in wenigen hundert Jahren verbrannt und als Kohlendioxyd (CO_2) in die Atmosphäre gejagt. Zu den vulkanogenen Partikeln der Stratosphäre treten Mineralpartikel der freigelegten Erdoberfläche und Verbrennungsprodukte; zu dem CO_2 der fossilen Brennstoffe treten andere industrielle Gase, unter denen die Stickstoffoxyde und Ammoniak als Endprodukte der Stickstoffdünger besonders erwähnt werden müssen – diese ermöglichen überhaupt erst die Ernährung einer immer noch ständig wachsenden Erdbevölkerung von (1980) über 4,3 Milliarden.

Damit wird eine Disziplin aktuell, die in den letzten Jahrzehnten (zu Unrecht) als überwiegend deskriptiv, praxisorientiert, unproblematisch und quasi abgeschlossen galt: die Klimatologie. Sie gehört zum Kreis der Erdwissenschaften. Das Klima wird erzeugt im Rahmen des *geophysikalischen Klimasystems* mit seinen mehrfachen, meist nichtlinearen Wechselwirkungen zwischen der Atmosphäre und den anderen, viel langlebigeren (Fig. 1) Subsystemen. Es hat daher auch einen *historischen* Aspekt, mindestens seit dem Beginn höher organisierten Lebens auf der Erde vor rund 600 Ma und der gleichzeitig einsetzenden Vermehrung des Sauerstoffgehalts der Atmosphäre (SCHIDLOWSKY). Diesen historischen Aspekt erfassen unsere instrumentellen Daten – seit Galilei und der Royal Society unter Marriotte und Hooke in der Mitte des 17. Jahrhunderts – nur zu einem winzigen Bruchteil. Vor rund 18.000 Jahren reichten Inlandeisgletscher bis zu den heutigen Vororten von Hamburg, Berlin und München – zu einem früheren Zeitpunkt stießen sie sogar bis zum Niederrhein, nach Krefeld und Duisburg vor. Die heute bekannte Folge von über zwanzig Eiszeiten und Zwischeneiszeiten (KUKLA) in den letzten zwei Millionen Jahren zeigt, wie variabel das Klima der Erde unter rein natürlichen Bedingungen sein kann.

2. Klima als Problem: heute

Scheinbar überraschend ist in den letzten zehn Jahren die Fragestellung nach der Rolle des Menschen für die heutige und künftige Entwicklung des Klimas ganz aktuell geworden (SMIC 1971, WMO-ICSU-Konferenz 1974, Welt-Klima-Konferenz in Genf 1979). Die ersten Zeichen dieser Fragestellung waren auf lokaler Ebene die Arbeiten über das Stadtklima (Zusammenfassung bei KRATZER 1956), während in globaler Sicht die Zunahme des CO_2-Gehalts (CALLENDAR 1938) und der Luftverschmutzung nur ausnahmsweise und unsystematisch beachtet wurde (FLOHN 1941, PLASS 1956). Die intensive Diskussion der letzten Jahre (u. a. BRYSON 1974, FLOHN 1963, 1972, JUNGE 1978), hat im Kreise der Experten das Problem der möglichen *anthropogenen Klima-Modifikation* in den Vordergrund gestellt. Die zur Beurteilung notwendigen Parameter werden jetzt mit wachsendem Aufwand weltweit überwacht (monitoring). Modelle der verschiedensten Stufen sind

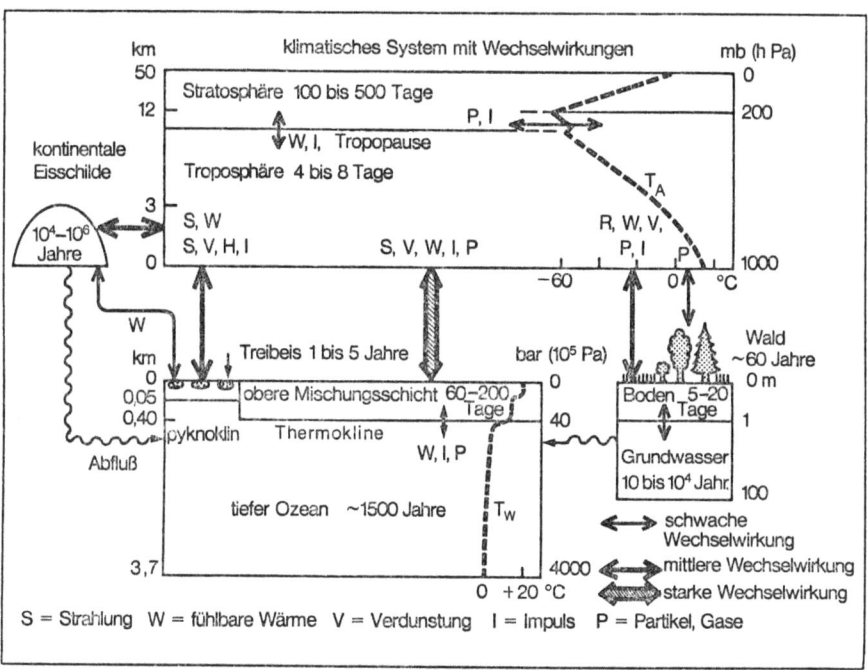

Fig. 1: Klimatisches System mit Subsystemen, Wechselwirkungen und charakteristischen Zeitskalen. T_A (T_W) vertikale Temperaturverteilung in der Atmosphäre (im Ozean). S, W, V, I, P: auszutauschende physikalische Größen, mb = Millibar (10^2 Pascal).

in Entwicklung, von dem nulldimensionalen Modell einer mittleren Strahlungstemperatur der Erde (FRAEDRICH 1978) bis zu den vierdimensionalen (zeitabhängigen) Wechselwirkungsmodellen (z. B. MANABE und Mitarbeiter 1979/80 in dem zweifellos führenden Geophysical Fluid Dynamics Laboratory in Princeton, N.J.). Diese Modelle sind bisher nur für das rasch arbeitende Subsystem Atmosphäre recht weit fortgeschritten und aussagekräftig – wenn auch hier z. B. die komplexe Wechselwirkung Bewölkung/Strahlung erst unzureichend bekannt ist und die Oberflächentemperatur des Ozeans vielfach als konstant vorgegeben wird. Die Ozean-Modelle leiden u. a. noch an ungenügender Kenntnis der mesoskalaren Wirbel (r $\sim$ 100 km, Zeitskala Monate); für das äußerst wichtige arktische Meereis sind eben erst dynamisch-thermodynamische Modelle veröffentlicht worden (z. B. HIBLER III). Vereinfachte Modelle – so die Wärmehaushaltsmodelle vom Typ Budyko-Sellers – liefern oft suggestive Resultate, die aber von den notwendigerweise starken Vereinfachungen abhängen und daher nicht mehr als Hinweise auf mögliche Entwicklungen bieten.

Daß hierbei singuläre und bifurkierende Lösungen (z. T. im Sinne der mathematischen Katastrophentheorie) auftreten, braucht nicht zu überraschen. LORENZ hat in einer fundamentalen Betrachtung das Klima als *fast-intransitiv* bezeichnet, und den Gegensatz Eiszeit-Interglazial (unter der Annahme konstanter Energiezufuhr von der Sonne) als Beispiel für abrupte Änderungen zwischen Quasi-Gleichgewichtszuständen angesehen. Neuere Daten zeigen jedoch, daß diese Änderungen nicht *synchron*, sondern *diachron* ablaufen – hier wegen der ganz verschiedenen Abschmelzzeiten des dünnen Treibeises auf dem subantarktischen Ozean, des mäßig großen skandinavischen und des viel größeren laurentischen Inlandeises (FLOHN 1980); das relativiert die Aussage eines „fast-intransitiven" Verhaltens des klimatischen Systems.

3. Natürliche Klimafaktoren

Welche Faktoren – natürliche und anthropogene – sind denn nun für die Variabilität des Klimas verantwortlich? Diese reicht von den ökonomisch oft so schwerwiegenden interannuellen Fluktuationen über die „humane" Zeitskala (10 bis 100 Jahre) hinaus bis zu den geologischen Zeitskalen (10^4 bis 10^8 Jahre). Die letzteren – verursacht durch Änderungen der Land- und Meerverteilung, Gebirgshebung, aber auch die berühmten Erdbahnelemente nach MILANKOVICH-VERNEKAR-BERGER (1980) – müssen wir hier aus Platzmangel weitgehend vernachlässigen; die für eine Eiszeit charakteristischen Zahlenwerte der Erdbahnelemente sind in den nächsten 5000 Jahren nicht zu erwarten (BERGER 1978). Gesichert ist die Auswirkung großer Vulkanausbrüche in Form einer weltweiten Abkühlung um ca. 1 °C (MAASS-SCHNEIDER 1977), die aber nur je ein bis zwei Jahre anhält. Ihr Fehlen zwischen den mittelschweren Ausbrüchen des Katmai (1912) und Agung (1963) ist offenbar für die weltweite Erwärmung der Jahre 1920 bis 1950 mit verantwortlich gewesen. Sehr fraglich und kontrovers ist die Rolle von Vorgängen auf der Sonne im Zusammenhang mit den Sonnenflecken und -fackeln (siehe jedoch HOYT 1979, DICKE 1979). Ein wirklich eindeutiger Nachweis aus den letzten einhundert Jahren liegt nicht vor (PITTOCK); mögliche Auswirkungen der von EDDY aufgezeichneten langfristigen Änderungen der Sonnenaktivität – z. B. das auffällige Fehlen von Sonnenflecken von 1645 bis 1710 (die Regierungszeit des „Roi Soleil"!) – lassen sich mit den spärlich vorliegenden Klimadaten kaum nachprüfen. Die Klimawirkung von hypothetischen Schwankungen der Sonnenstrahlung um ca. 2%/0 (deren Existenz von vielen Astronomen für äußerst unwahrscheinlich gehalten wird) wurde durch Modellrechnungen geklärt (WETHERALD-MANABE 1975). Inzwischen werden entsprechend empfindliche Meßfühler zum Einbau in Wettersatelliten entwickelt. Diese beiden „externen" Effekte sind heute noch unvorhersagbar und werden dies auch noch für einige Zeit bleiben.

Alle anderen natürlichen Klimafaktoren (Polareis, Vegetation, Oberflächentemperatur des Meeres) sind „interner" Natur — sie gehören zu den vielfältigen Wechselwirkungsprozessen innerhalb des klimatischen Systems (Fig. 1). Hierzu zählen das polare Treibeis, das Aufquellen kalten Tiefenwassers längs des Äquators im Pazifik und Atlantik und an einigen Küsten (Peru, Kalifornien, Angola, Marokko, Somalia, SW-Arabien): das sind recht variable Vorgänge, auf deren Mechanismus und Auswirkungen hier nicht eingegangen werden kann (FLOHN 1979a). Besonders das weiträumige äquatoriale Aufquellen von Kaltwasser, das in den „El Niño"-Episoden, praktisch gleichzeitig über 10.000 km hinweg, viele Monate andauernd durch eine Vorherrschaft von Warmwasser abgelöst werden kann, spielt offenbar eine Schlüsselrolle für kurz- und langfristige Klimaschwankungen: es greift in den globalen Wasser- und CO_2-Haushalt ein (siehe Anhang).

4. Anthropogene Klimafaktoren

Bei den *anthropogenen Faktoren* hat sich inzwischen herausgestellt, daß eine Abschätzung der Energetik allein (FLOHN 1973) zu einer unrealistischen Bewertung führt; der Zeitfaktor — die durchschnittliche Verweilzeit in der Atmosphäre — muß gleichzeitig in Rechnung gestellt werden. Daher spielt die direkte Zufuhr fühlbarer Wärme (Enthalpie) oder latenter Wärme (Wasserdampf) oder auch von Aerosolpartikeln eine relativ geringe Rolle, da deren Aufenthaltsdauer in der Atmosphäre nur Stunden bzw. Tage beträgt. Um so größer ist aber die Rolle derjenigen Spurengase, die nur langsam wieder ausgeschieden werden: so bleiben CO_2 im Mittel etwa sechs Jahre, die chemisch trägen Chlorofluoromethane ($CFCl_3$ und CF_2Cl_2) vermutlich 30 bis 50 Jahre in der Atmosphäre, und für Lachgas (N_2O) ist sogar (unsicher) ein Wert von 175 Jahren angegeben worden. Die zuletzt genannten Gase wirken sich aus im „Glashauseffekt" der Atmosphäre: sie absorbieren langwellige (infrarote) Strahlung (Wellenlängen >3 μm) und erwärmen sich dabei, sind aber für die sichtbare Sonnenstrahlung (0,35–0,7 μm) transparent.

Die Bezeichnung *Glashauseffekt* ist an sich unkorrekt: wohl verhält sich Glas gegenüber den verschiedenen Spektralbereichen der Strahlung wie eben geschildert, aber die Erwärmung im Glashaus wird in erster Linie verursacht durch die Verhinderung des vertikalen Austauschs durch das Glas, das die erwärmte untere Luftschicht festhält. Aber dieser Ausdruck ist kaum mehr

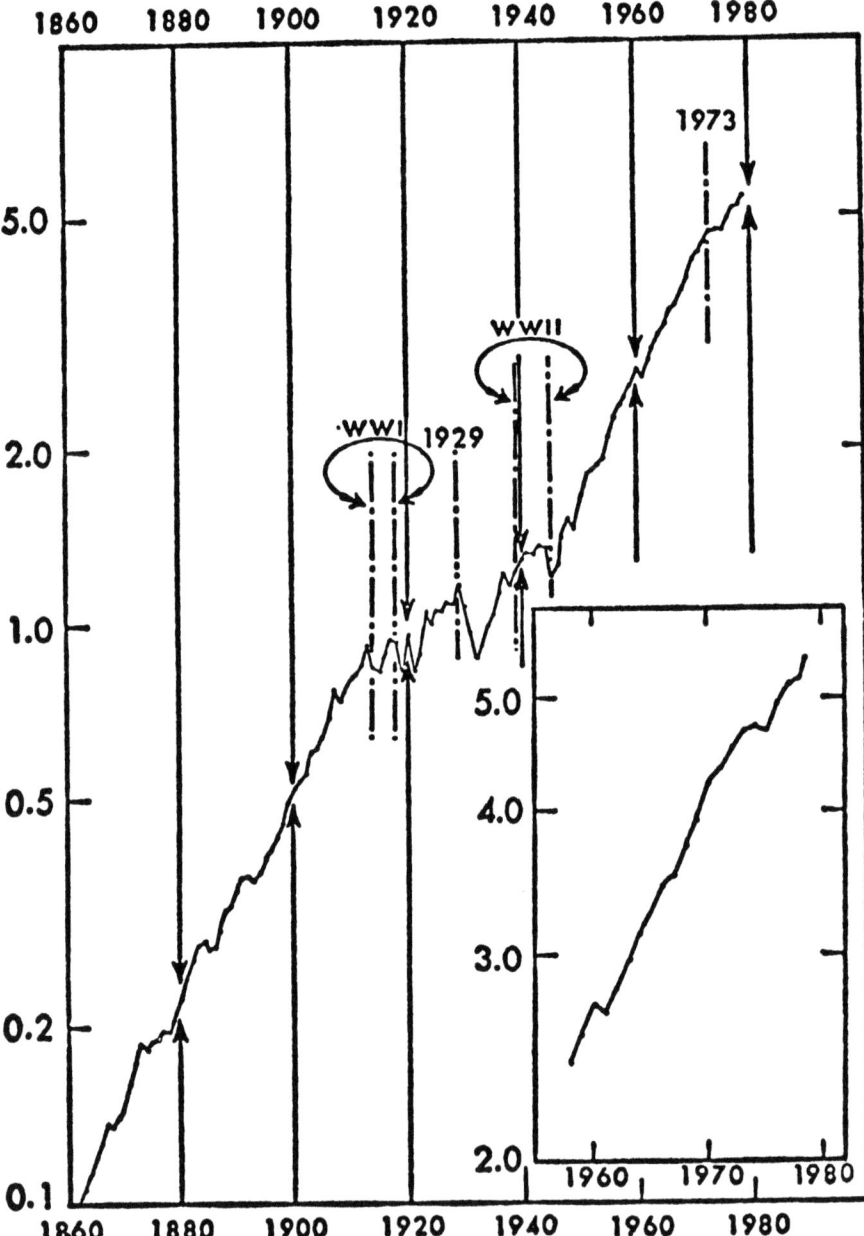

Fig. 2: Jährliche globale CO_2-Produktion durch fossile Brennstoffe und Zement (ca. 2%), logarithmische Skala in 10^9 ton Kohlenstoff. Man beachte das exponentielle Wachstum außerhalb der Krisenzeiten: 1914 erster Weltkrieg, 1929 Wirtschaftskrise, 1940 zweiter Weltkrieg, 1973 Ölschock.

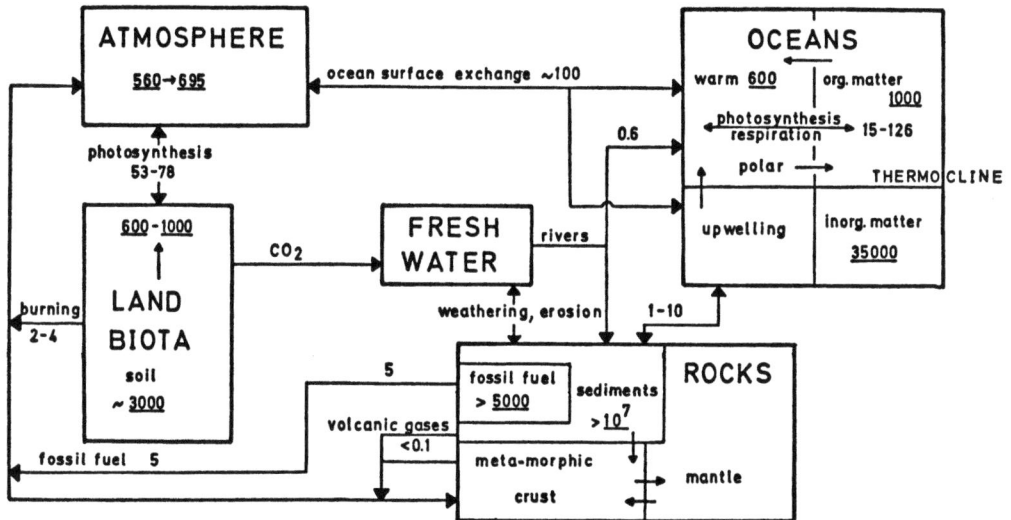

Fig. 3: Kohlenstoffbilanz und -transporte (Pfeile), vereinfacht nach BOLIN u. a. (1979). Speicher in Gigatonnen (1 Gt = 10⁹ g), Flüsse (Pfeile) in Gt/a. Man beachte die Unsicherheit der meisten Zahlen für die Flüsse.

auszurotten und soll daher hier beibehalten werden. Die dominante Rolle spielt heute das CO_2, dessen Ausstoß seit Ende des vorigen Jahrhunderts exponentiell um 4,5% jährlich (Fig. 2) zugenommen hat (ROTTY) – ausgenommen die Krisenperioden in den beiden letzten Weltkriegen, nach 1930 und nach dem Ölschock 1973/74. Die Zunahme des atmosphärischen CO_2 beläuft sich auf etwa 55% dieses Ausstoßes – in Wahrheit auf etwas weniger, da die Biosphäre (hier nur die langlebigen Wälder) nach den neuesten Daten (BOLIN, HAMPICKE, KEELING, OESCHGER: meist in BACH-PANKRATH-WILLIAMS 1980) heute wahrscheinlich keinen Speicher, sondern eine Quelle für CO_2 bildet. Offenbar verschwinden die tropischen Wälder etwas schneller, als in höheren Breiten mehr Holz als Folge des höheren CO_2-Gehalts nachwachsen kann.

Eine zusammenfassende (im Detail bereits überholte) Darstellung des *CO_2-Haushalts* (SCOPE Vol. 13) macht klar, wie unsicher zahlenmäßig unsere Kenntnisse sind (Fig. 3) – das gilt besonders für Humus und Bodenumwandlung. Wahrscheinlich ist die tatsächliche CO_2-Zufuhr der Atmosphäre wegen dieser Entwaldung nur um etwa 10% höher als die durch fossiles CO_2 allein – das ging auch schon aus den frühesten Isotopenmessungen an lebenden Bäumen hervor, wurde aber damals meist übersehen. Damit bleibt also wahrscheinlich knapp 50% des CO_2 in der Atmosphäre; der Rest geht in den Ozean.

Auch im Ozean kennt man verschiedene Prozesse zahlenmäßig nicht genau genug (ANDERSEN-MALAHOFF) — insbesondere den Austausch zwischen oberer Mischungsschicht und dem tiefen Ozean, aber auch die Sedimentation organischen Detritus mit der „Fäkalbombe". Hier liegt also die Hauptquelle unserer Unkenntnis: rund 50% des CO_2 geht in den Ozean, aber abhängig von der Temperatur, von den ozeanische Biota (aufquellendes, nährstoffreiches Tiefenwasser nimmt viel CO_2 auf), vom Salzgehalt und von der Alkalinität (dem Säuregehalt pH), beide zusammengefaßt als „Pufferfaktor". Hier spielt (jedenfalls auf längere Sicht) die Ansäuerung der Niederschläge durch HCO_3, aber auch durch Schwefel- oder Salpetersäure in den Industriegebieten eine Rolle: der pH-Wert der Niederschläge ist in Europa und im westlichen Nordamerika bereits in zehn bis fünfzehn Jahren um eine volle Einheit (d. h. um eine Zehnerpotenz) gesunken. Bei zunehmendem Säuregehalt kann der Ozean mehr Kalk auflösen, sein CO_2-Gehalt steigt und seine Aufnahmefähigkeit für atmosphärisches CO_2 sinkt. Eine der wesentlichsten neuen Erkenntnisse ist, daß infolge der Ansäuerung der Pufferfaktor im Ozean nur steigen kann, solange CO_2 zusätzlich in die Atmosphäre geliefert wird. Damit reduziert sich der Anteil des vom Ozean aufzunehmenden CO_2, und der in der Atmosphäre verbleibende Prozentanteil muß entsprechend ansteigen, im Endeffekt auf 70 bis 80%.

Wegen dieser Unsicherheiten hinsichtlich der Rolle der terrestrischen und marinen Biosphäre und des Ozeans ist es aber leider unmöglich, die langfristige Zunahme von CO_2 in Atmosphäre und Ozean vorherzusagen, selbst wenn wir von einer ökonomisch festgelegten globalen Verbrauchsrate fossiler Brennstoffe ausgehen könnten; diese hat seit Beginn der Ölkrise 1973/74 nicht mehr die früheren Werte erreicht.

Hier zeigt sich jetzt schon (wie übrigens bei der Bevölkerung auch) ein Abflachen der Wachstumsraten — mathematisch ausgedrückt durch eine „logistische" Funktion, bei der das Verhältnis zwischen Verbrauch und vorhandenen Reserven eingeht. Eines ergibt sich jedenfalls klar aus den neuesten Modellrechnungen: wenn wir unter Verzicht auf alternative Energiequellen jetzt wieder massiv auf die Verwendung von Kohle als Hauptenergieträger zurückschalten und hohe Wachstumsraten beibehalten wollen, dann führt dies zu einer Zunahme des atmosphärischen CO_2-Gehalts nicht nur um einen Faktor 2 bis 4, sondern um 6 bis 8 (OLSON et al.). Wenn wir großtechnische Verfahren der Kohleverflüssigung oder -vergasung anwenden, wobei Kohle zugleich die Energie für diese Phasenumwandlung liefert, wird der CO_2-Ausstoß noch wesentlich erhöht: damit beschleunigt sich aber noch die Entwicklung. (Bei der Verwendung von Kernenergie zur Erzeugung von Prozeßwärme entfällt natürlich diese zusätzliche CO_2-Produktion.)

Gas	Anteil heute		Zunahme bis 2020	ΔT_m	
CO_2	330	ppm	+ 25%	+0,66 °C	
O_3*	0,4	ppm	− 20%	−0,34 °C	⎫
O_3**			+ 10%	+0,17 °C	⎬ Überschallverkehr
H_2O*	~3	ppm	+ 50%	+0,42 °C	⎭
N_2O	0,28	ppm	+100%	+0,56 °C	
CCl_2F_2 CCl_3F	$0,2 \times 10^{-3}$	ppm	× 10	+0,23 °C	
CH_4	1,6	ppm	+ 50%	+0,12 °C	
CCl_4+CH_3Cl NH_3+SO_2	~10^{-3}	ppm	+100%	+0,14 °C	

Tabelle 1: Glashauseffekt von Spurengasen (revidiert nach WANG 1976); * Stratosphäre; ** Troposphäre; ppm = 10^{-6} Volumanteil.

Hinzu kommt noch etwas anderes: die Produktion weiterer Gase (Tab. 1), die im Infrarot absorbieren (meist in dem atmosphärischen Fenster 7,5 bis 12 μm, in dem die Atmosphäre zwischen den mächtigen H_2O- und CO_2-Banden nahezu transparent ist) und die den Glashauseffekt erhöhen (WANG). Eine recht konservative Schätzung (FLOHN 1978, ebenso MUNN-MACHTA) nimmt an, daß sich durch diese Spurengase der Glashauseffekt insgesamt um 50% erhöht, mit einer ähnlichen Wachstumsrate wie bei CO_2; das bedeutet eine weitere Intensivierung und Beschleunigung der Vorgänge.

5. Klimawirkung des CO_2

Diesen großen Unsicherheiten gegenüber ist der Zusammenhang zwischen CO_2 und *Klima* doch schon besser bekannt, zumal durch zwei neueste Modelle aus Princeton (MANABE und Mitarbeiter 1979, 1980). Schaltet man von den älteren diejenigen Modelle aus, die wesentliche Teile der komplizierten Vorgänge in der Atmosphäre vernachlässigen, z. B. auch durch Vorgabe fester Randbedingungen (z. B. der Meerestemperatur), so ergibt sich bei einer Verdoppelung des CO_2-Gehalts (von 300 auf 600 ppm, d. h. 10^{-6} Vol.-Teile) eine globale Erwärmung um 1,5 bis 3 °C in Bodennähe, bei gleichzeitiger Abkühlung der Stratosphäre und Labilisierung der Troposphäre. Die meisten Modelle sind eindimensionale Strahlungsmodelle, die die Temperatur für verschiedene Randbedingungen als Funktion der Höhe (bzw. des Luftdrucks) angeben; von ihnen ist das von AUGUSTSSON-RAMANATHAN (1977) für unsere

Zwecke am geeignetsten. Jahreszeitliche und Breitenunterschiede wurden auch hier noch nicht berücksichtigt (siehe RAMANATHAN u. a.). MANABE und WETHERALD (1975, 1980) haben zuerst die entscheidend wichtige Dynamik der Atmosphäre mit in Rechnung gestellt.

Besonders wirksam ist die Rückkopplung zwischen Schnee und Eis, Reflexion der Bodenoberfläche (Albedo) und Temperatur, die durch eine einfache Parametrisierung schon recht befriedigend einbezogen werden kann. Dieser Effekt (Fig. 4) liefert eine Zunahme der Erwärmung im Polargebiet um einen Faktor nahe drei; das wird bestätigt durch die empirischen Daten dieses Jahrhunderts.

Die Rolle der troposphärischen *Aerosolpartikel* hängt von ihrer Größe, ihrer chemischen Zusammensetzung und der Albedo der Erdoberfläche ab; heute ist gesichert, daß sie überwiegend zu einer Erwärmung beitragen (KELLOGG 1977, sowie in BACH-PANKRATH-WILLIAMS 1980). Das ist in erster Linie die Folge der Absorption und (infraroten) Emission – auch bei den vulkanogenen Partikeln erwärmt sich die in der Stratosphäre liegende Schicht dieser Teilchen (Junge-Schicht in 18 bis 20 km Höhe), während sich am Boden nur die Mie'sche Rückstreuung in den Weltraum durch geringe Abkühlung auswirken kann. Die Zufuhr von Enthalpie durch direkte Heizung wirkt nur lokal erwärmend. Die mögliche Rolle der Bewölkung ist zunächst überschätzt worden; mehrere neuere Modelle haben übereinstimmend gezeigt, daß mit zunehmender Erwärmung und Labilisierung die Bewölkung eher abnimmt als zunimmt; eine einfache Überlegung anhand der Kontinuitätsgleichung für Masse ergibt Konstanz, jedenfalls für die vertikal mächtigen Wolken.

Der einzige abkühlende Effekt der menschlichen Tätigkeit ist die sehr langsam ablaufende Zunahme der Albedo der Landoberfläche durch Vegetationszerstörung; dieser Effekt ist aber wesentlich kleiner als die anderen und wird z. T. (bei der Desertifikation) durch die Abnahme der Bodenfeuchte, d. h. durch eine Zunahme der direkten Heizung auf Kosten der Verdunstung wieder kompensiert. Im Ganzen also überwiegt – das ist das Ergebnis jahrelanger gründlicher Diskussionen aller anthropogenen Faktoren – eine *langsame, sich allmählich verstärkende Erwärmung*. Diese aber läßt sich bisher an Beobachtungen noch nicht nachweisen: nur in hohen Südbreiten überwiegt schwache Erwärmung, während in tropischen Breiten kein eindeutiger Trend besteht, Arktis und Subarktis sich aber seit 1945, besonders aber ab 1961 abgekühlt haben. Hierzu hat vermutlich der ab 1963 wieder erwachende Vulkanismus beigetragen, ist aber sicher nicht allein verantwortlich. Eine eingehende Analyse der vorliegenden Daten und Modelle zeigt, daß die CO_2-bedingte globale Erwärmung seit 1900 nicht mehr als $+0,3\,°C$ betragen

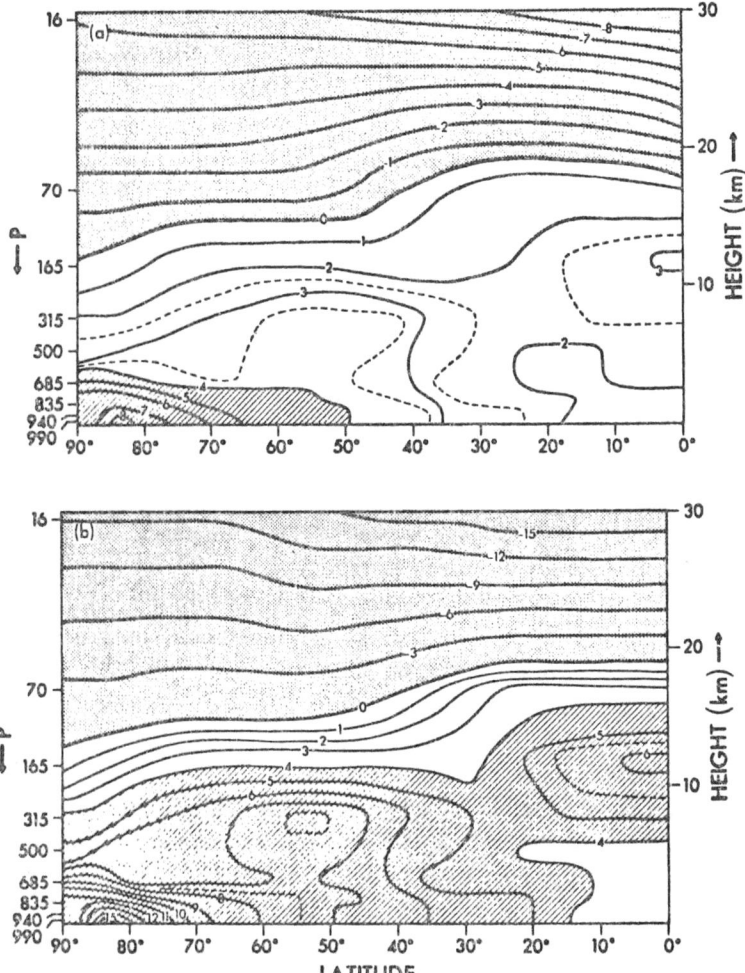

Fig. 4: Breiten-Höhenschnitt der Temperaturänderung (Modell MANABE-WETHERALD 1980) bei einer Verdoppelung (oben) bzw. Vervierfachung (unten) des CO_2-Gehalts der Atmosphäre. Einzelheiten in der oberen Troposphäre (6–12 km) unsicher, da Bewölkung nur grob parametrisiert; maximale Erwärmung in Bodennähe in Arktis und Subarktis (ab etwa 60°N) als Folge der Schnee-Albedo-Temperatur-Rückkopplung. In der Stratosphäre (oberhalb 12–18 km) nach oben zunehmende Abkühlung (Vorzeichen fehlt in der Figur).

haben kann: das liegt noch ganz im Bereich des statistischen Rauschens der natürlichen Klimaschwankungen, das auf ±0,5 bis 0,6 °C geschätzt wird. Ein gesicherter Nachweis des CO_2-Effektes ist also vor Ende dieses Jahrhunderts gar nicht zu führen. Die Überwachung des Klimas ist zwar im Gang, unterliegt aber wegen Lücken im Netz, unvermeidlichen Stationsverlegungen usw. Fehlern in der Größenordnung der erwarteten Effekte. Hinzu kommt noch eine Verzögerung jeder (externen) Temperaturänderung infolge der Wärmespeicherung im Ozean; sie liegt nach mehreren Modellrechnungen in der Größenordnung von 10 bis 20 Jahren.

6. Aussichten für die Zukunft

Was läßt sich nun für die künftige Entwicklung aussagen? Da Vulkanausbrüche, hypothetische Änderungen der Solarkonstante und andere natürliche Effekte auf absehbare Zeit als unvorhersagbar gelten müssen, nehmen wir für sie Konstanz der bisherigen Verhältnisse (z. B. im Mittel der letzten einhundert Jahre) an. Realistische Wechselwirkungsmodelle des gesamten Klimasystems stehen bisher noch aus, obwohl verschiedene Ansätze inzwischen vorliegen. Eines der aussichtsreichsten Modelle wird in Hamburg von K. HASSELMANN und Mitarbeitern entwickelt: hier treibt die schnellebige Atmosphäre stochastisch ein Ozeanmodell an und löst in ihm längerlebige Vorgänge (Zeitskala: Monate) aus, die ihrerseits wieder die atmosphärischen Prozesse steuern. Bei der Schwierigkeit, eine genügend feine räumliche Auflösung gerade über Land zu erzielen, darf man wohl mit Recht annehmen, daß die ganze Entwicklung nicht in wenigen Jahren abgeschlossen werden kann; der Verfasser erinnert sich an nächtelange Diskussionen vieler dieser Probleme schon vor fünfundzwanzig Jahren ...

Daher müssen wir zugleich einen ganz anderen Weg einschlagen, den uns die Natur vorgezeichnet hat: sie allein kann das ganze nichtlineare Gleichungssystem ohne Vernachlässigung und Parametrisierung, ohne Diskretisierung und „on-line" lösen, allerdings mit ihrer eigenen Zeitskala. Der Rückgriff auf *frühere Warmzeiten* aus der jüngeren Erdgeschichte bietet sich an. Futurologen und Systemanalytiker sprechen von einem „Szenarium", ich ziehe den Begriff „Analogfälle" vor. Genau wie bei mathematischen Modellen müssen wir aber immer wieder die Frage nach den Randbedingungen und ihren Änderungen stellen.

Aus den oben dargelegten Gründen ist eine Aussage über den Zeitablauf der Entwicklung des CO_2-Gehalts über dreißig bis fünfzig Jahre hinaus derart risikoreich, daß kaum ein Wissenschaftler sie heute wagen wird. Andererseits kennen wir die Temperaturänderungen für charakteristische Warmphasen der Vergangenheit; wir können hypothetisch eines der CO_2-Temperatur-Modelle verwenden, um das CO_2-Niveau abzuschätzen, das der Temperatur dieser Warmphase entspricht (Tab. 2). Das bedeutet natürlich keinesfalls, daß der CO_2-Gehalt in dieser Warmphase den angegebenen Wert

ΔT	Paläoklimatische Warmphasen	virtueller CO_2-Gehalt*	realer CO_2-Gehalt
+1,0 C	Frühmittelalter (ca. 1000 n. Chr.)	420– 490	385–420
+1,5 C	Holozänes Klima-Optimum (ca. 6000 Jahre vor heute)	475– 580	420–490
+2,0 C	Eem-Interglazial (i. e. S., 120.000 Jahre vor heute)	530– 670	460–555
+2,5 C		590– 760	500–610
+4,0 C	Eisfreier Arktischer Ozean (Jungtertiär, vor 12–2,5 Millionen Jahren)	780–1150	630–880

Tabelle 2: Kombinierter Glashauseffekt und paläoklimatische Warmphasen: hemisphärische Temperaturänderung ΔT und äquivalenter CO_2-Gehalt. * CO_2-Glashauseffekt einschließlich eines 50%-Zuschlages als Folge der additiven Rolle der infrarotabsorbierenden Spurengase. Der (zu ΔT äquivalente) CO_2-Gehalt ist abgeleitet aus zwei extremen Versionen des Augustsson-Ramanathan-Modells (1977); der wahrscheinliche Wert liegt zwischen den Extremen.

hatte: Änderungen anderer Randbedingungen (oder auch interner Wechselwirkungen) können genau so gut zu den „beobachteten" (richtiger: geschätzten) Temperaturen geführt haben. Die unter diesen Umständen allein mögliche Aussage lautet:

Unter der Voraussetzung der Konstanz der natürlichen Klimabedingungen ist bei Erreichen eines Schwellenwertes des CO_2-Gehalts ein Klima zu erwarten, das dem angegebenen Vorzeitklima im Prinzip (d. h. unter Berücksichtigung der geänderten Randbedingungen) ähnlich ist.

Diese Hilfskonstruktion kann die Ergebnisse eines wirklich vertrauenswürdigen Klimamodells der Zukunft nicht ersetzen, wohl aber einen Hinweis auf die Richtung der Entwicklung geben, wenn wir die inzwischen eingetretenen Änderungen der Randbedingungen in Rechnung stellen. Darüber hinaus benötigen wir eine genaue Kenntnis dieser ausgewählten *Warmphasen* der Erdgeschichte schon deshalb, weil alle Klimamodelle erst sehr sorgfältig getestet werden müssen: wir dürfen ihnen erst dann vertrauen, wenn sie nicht nur das jetzige Klima mit seinen jahreszeitlichen Änderungen und seinen vielen regionalen Anomalien realistisch simulieren, sondern auch die entsprechenden Vorzeitklimate. Bis dahin ist noch ein langer Weg, auch wenn jetzt Klimaforschung (hoffentlich überall und ohne weitere Verzögerungen!) eine höhere Priorität erhält. Auf jeden Fall muß jetzt die Erforschung der Vorzeitklimate systematisch und quantitativ mit Nachdruck vorwärts getrieben werden.

7. Warmphasen der Vergangenheit

Die ausgewählten vier Warmphasen können hier jetzt nicht im Detail behandelt werden; ein umfassender Bericht für das Energieprogramm des International Institute of Applied Systems Analysis ist im Druck (FLOHN 1980). Die ersten drei Phasen liegen im Bereich nicht nur der möglichen, sondern der wahrscheinlichen Entwicklung; nach dem heutigen Stand der Kenntnis ist es fast unvermeidlich, daß ein CO_2-Niveau von 450 bis 500 ppm im Laufe der nächsten einhundert Jahre erreicht wird. Das faszinierendste Problem ist aber in der vierten Phase enthalten, die einen radikalen Klimawechsel bringt. Der zugehörige Schwellenwert des CO_2 von rund 750 ppm liegt noch völlig innerhalb des Bereichs des Möglichen – das nach OLSONS Modellen 2000 bis 2500 ppm (ohne Berücksichtigung der übrigen Spurengase!) erreicht.

Zu diesen ersten Warmphasen müssen einige Bemerkungen genügen:

a) Die *mittelalterliche* Warmphase erlaubte die Wikinger-Kolonisation in Grönland. Während nach den vorliegenden Quellen um 1000 der Ostgrönlandstrom bis 65°N, wahrscheinlich bis 80°N hinauf eisfrei war, erreichte Ende des 17. Jahrhunderts das Eis zeitweise die Färöer, Nordschottland und Norwegen. Das bedeutet eine Verschiebung um rund 2000 km.

b) Die *holozäne* Warmphase fand in Europa gleichzeitig mit einer Feuchtphase in der ganzen Trockenzone der Alten Welt statt, die von Westafrika bis nach Rajasthan in NW-Indien reichte. Hier haben sich aber die Randbedingungen (Eisverbreitung in Labrador – kanadische Arktis) so geändert, daß eine Wiederkehr dieses ungewöhnlich günstigen Klimas, in dem im trockensten Zentrum der Sahara neolithische Rinderzüchter lebten, als ausgeschlossen bezeichnet werden darf; Einzelheiten siehe FLOHN und NICHOLSON (1980).

c) Die Warmphase des *letzten Interglazial* (Eem-Phase 5e nach SHACKLETON-EMILIANI) war wahrscheinlich die wärmste Periode der letzten 2 Ma ($= 10^6$ Jahre) – in den Wäldern von Südengland lebten damals Löwen, Waldelefanten und Flußpferde. Ein weltweiter Anstieg des Meeresspiegels um 5 bis 7 m – wahrscheinlich ausgelöst von der Westantarktis – machte damals Skandinavien zur Insel, drang über 1000 km tief nach Westsibirien ein und erzeugte in weiten Teilen Europas ein maritimes Klima mit höheren Niederschlägen. Auch diese Randbedingung ist heute *nicht* gegeben – ob sie bei einer nachhaltigen CO_2-bedingten Erwärmung eintreten kann, ist z. Zt. Gegenstand lebhafter Diskussionen unter den wenigen Fachleuten (Glaziologen, Antarktis-Forscher).

Während zu diesen Warmphasen eine umfangreiche Literatur vorliegt, auf die leider nicht eingegangen werden kann (FRENZEL 1968, WILLIAMS and FAURE 1980 u. a. m.), ist die vierte Phase – mit ihren möglicherweise katastrophalen Auswirkungen – erst in jüngster Zeit klar erkannt worden. Die Möglichkeit eines *eisfreien arktischen Ozeans* hat zuerst M. I. BUDYKO, Leningrad (1962) erörtert – zunächst als Ergebnis einer utopisch anmutenden, technischen Kampagne im Sinne der marxistischen, von Stalin geforderten „Umwandlung der Natur", dann aber (1969) als Endstadium einer anthropogenen Erwärmung, abgeleitet mittels eines einfachen, eindimensionalen Wärmehaushaltsmodells. So einleuchtend das auch scheinen mag: beim zweiten Blick kommen doch erhebliche Bedenken. Wie kann ein Gleichgewichtszustand existieren, in dem ein Pol eisfrei, der andere hoch vereist ist? Genügt wirklich hierfür die Verteilung von Land und Meer – die Antarktis ein isolierter Kontinent nahezu symmetrisch zum Südpol, die Arktis ein zu 85% landumschlossener Ozean nahezu symmetrisch zum Nordpol? So erschien diese Hypothese vielen Klimatologen zwar als ein höchst interessantes, aber doch nur schwer verifizierbares Denkmodell.

Dieser Stand der Dinge hat sich heute völlig geändert, nachdem das amerikanische (inzwischen internationalisierte) Deep Sea Drilling Program eindeutige Ergebnisse zur Klimageschichte der Antarktis und der Subarktis geliefert hatte. Es ist inzwischen mit Sicherheit nachgewiesen (KENNETT, FRAKES), daß die Vereisung der Antarktis (deren Breitenlage sich kaum geändert hat) bereits vor 38 Ma begann, vor 12 bis 14 Ma den selben Umfang erreichte wie heute, vor 5 bis 6 Ma sogar ein größeres Volumen als heute, während die Vereisung der Nordkontinente erst vor 2,5 bis 3 Ma einsetzte (von lokalen Gebirgsgletschern abgesehen) (SHACKLETON-OPDYKE) und der arktische Ozean erst vor 2,3 Ma vereiste, nachdem sich die entscheidend wichtige salzarme dünne Deckschicht gebildet hatte. Das heißt aber: *vor* dem für unser Klima so charakteristischen Wechsel zwischen Glazial und Interglazial, mehr als zwanzigmal mit einer Periode von rund 100.000 Jahren, bestand über einen viel längeren Zeitraum von rund 10 Ma hinweg im Jungtertiär diese so unwahrscheinlich anmutende *Asymmetrie* einer *unipolaren* Warmzeit (im Norden) bzw. Eiszeit (im Süden). Damit ist BUDYKOS unorthodoxe Idee in ungewöhnlich eindrucksvoller Weise verifiziert. Diese Situation sollte uns an eine höchst simple Feststellung (BRYSON 1974) erinnern: „What has happened, can happen again"; sie gilt natürlich streng nur unter der Voraussetzung der Konstanz der Randbedingungen.

Bei dieser Sachlage sind zwei Dinge vordringlich notwendig:

a) ein Wechselwirkungs-Klimamodell mit diesen Randbedingungen zu entwickeln, das Aussagen über die regionalen Auswirkungen erlaubt;

b) mit den Methoden der Paläoklimatologie quantitativ die regionalen Details der Klimaentwicklung des Jungtertiärs abzuleiten, im Zusammenhang mit der damaligen Verteilung von Land und Meer und dem Aufbau der Gebirge. Hier haben sich die Randbedingungen *wesentlich* verändert: Tibet lag damals noch in Nähe des Meeresspiegels, die Ostalpen waren ein Hügelland, im Wiener Becken bildeten sich Salzlager wie heute in den Schotts von Tunesien. Die mittelamerikanische Landbrücke schloß sich erst im Laufe des Pliozän, was den Golfstrom verstärkt haben muß und vielleicht die Vereisung von Island, Grönland und Baffinland ausgelöst hat. Gegen Ende dieser Periode, also etwa zu Beginn der Vereisung der Nordkontinente, haben in den Savannen Ostafrikas, aus denen jetzt so ungewöhnlich reiche Funde vorliegen, unsere Vorfahren in dem viel erörterten Übergangsfeld Affe-Mensch gerade gelernt, Steine und Knochen als Handwerkzeuge und als Waffe zu verwenden.

Ein solches Klima wie im Jungtertiär *kann* (in nur prinzipiell ähnlicher, im Detail sicher erheblich abweichender Weise) jetzt wiederkehren. Es führt notwendig zu einer *Verlagerung* aller *Klimazonen* nach Norden, um Beträge von 600 bis 800 km. Das läßt sich aus fundamentalen, empirisch verifizierten (KORFF-FLOHN 1968) Gesetzen der thermischen Zirkulation auf einer rotierenden Erde ableiten, deren erste Formulierung wir V. BJERKNES (1897) verdanken, dem letzten Assistenten von H. HERTZ auf seinem Lehrstuhl der Physik in Bonn. Es geht hier nicht um diese scheinbar belanglose Erwärmung um 2° oder 4 °C — es geht um eine weitgehende Umverteilung der Niederschläge und damit des Wasserhaushaltes. Wegen der geringen Dicke des arktischen Treibeises kann dieser Umschlag sehr rasch vor sich gehen, in wenigen Jahrzehnten. Vermutlich wird es zunächst nur zu einer jahreszeitlichen Eisfreiheit (im Sommer und Herbst) kommen. Das hat auch MANABE (1979) mit seinem neuesten Modell erhalten, in dem er eine CO_2-Zunahme um einen Faktor 4 (auf 1200 ppm) ansetzte (Fig. 5). Aber die Speicherung von Wärme in der salzarmen Deckschicht während des dann wolkenarmen Sommers ist so groß, daß das Wasser rasch (vermutlich in wenigen Jahren) eine neue Gleichgewichtstemperatur erreicht, die so hoch ist, daß im Winter nur mehr eine randliche Vereisung zustande kommt. In der gleichen Richtung wirkt noch die Abnahme der Süßwasserzufuhr, wenn die sibirischen Flüsse zur Bewässerung von Russisch-Zentralasien ausgenutzt werden (HOLLIS).

Bei einer globalen Erwärmung um 4 bis 5 °C *kann* auch (MERCER 1978) der Meeresspiegel um etwa 5 m ansteigen, falls das westantarktische Eis — das heute auf einem z. T. unter dem Meeresspiegel gelegenen Felssockel aufsitzt — abgleitet; dieses Ereignis ist wahrscheinlich zuletzt im Eem vor 120.000 a eingetreten. Alle anderen Eiseffekte sind demgegenüber zu vernachlässigen:

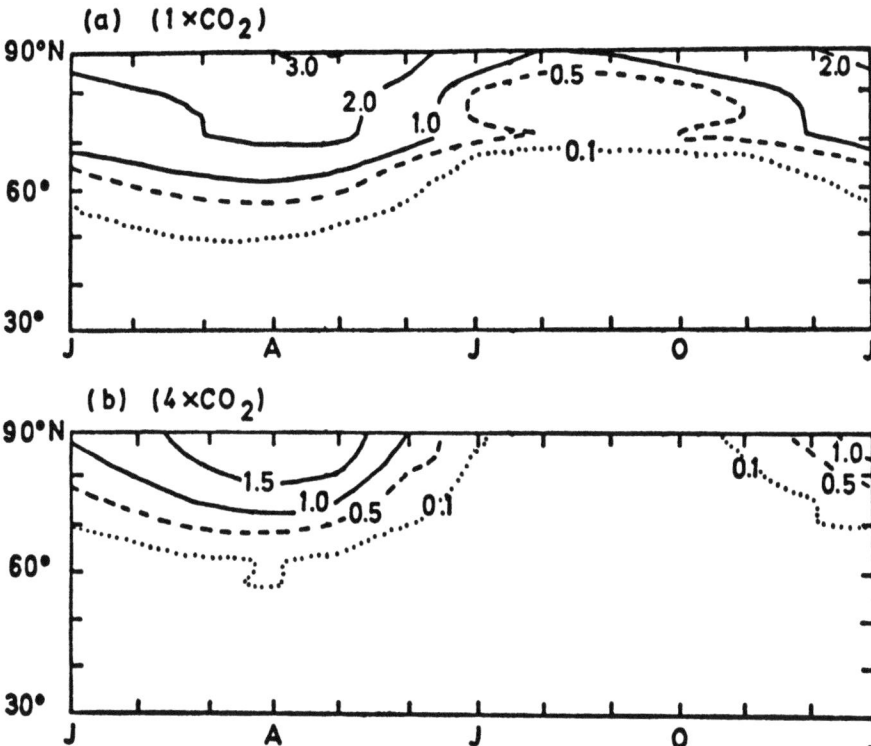

Fig. 5: Jahresgang der Dicke des arktischen Treibeises (in m) nach Modellrechnungen von MANABE-STOUFFER (1979). Oben: Modellrechnung für den heutigen Zustand (Werte im Sommer zu niedrig), unten bei einer Zunahme des CO_2-Gehalts auf 1200 ppm.

das Treibeis befindet sich im Schwimmgleichgewicht, und ein Abschmelzen des Grönlandeises, das auf einem schüsselartigen Felssockel aufsitzt, wäre selbst unter extrem positiven Annahmen nur innerhalb einiger tausend Jahre möglich. Eine Parallele zu der möglichen „Desintegration" des westantarktischen Eisschildes ist aus dem Holozän bekannt: kurz nach 8000 vh kam das Eis im heutigen Bereich der Hudsonbay durch einen raschen Meereseinbruch zum Schwimmen; die Radiokarbondaten aus der Hudsonbay, aus Lancashire und Südschweden belegen übereinstimmend ein Ansteigen des Meeresspiegels um mindestens sieben Meter in rund 200 Jahren (TOOLEY 1974, MÖRNER 1976). Da die Verhältnisse an der Außenküste der Westantarktis bisher nur ungenügend bekannt sind, ist eine gesicherte Aussage heute unmöglich. Eine unmittelbar drohende Gefahr existiert offenbar nicht, aber das Problem verdient, auch im Rahmen der jetzt anlaufenden deutschen Antarktisforschung, zweifellos eine hohe Priorität.

8. Schlußbemerkungen

Zusammenfassend muß festgestellt werden, daß die *Möglichkeit* einer drastischen, rasch ablaufenden Klimamodifikation großen Stils als Folge der Eingriffe des Menschen in den Naturhaushalt des Klimasystems heute als gegeben angesehen werden muß; der Konsensus der Fachleute auf der Welt-Klima-Konferenz in Genf (Februar 1979) war eindrucksvoll. Ein erster kritischer Schwellenwert liegt, nach vorläufigen Schätzungen, schon bei einem CO_2-Gehalt von rund 450 ppm. Wirklich katastrophale Änderungen, wie im letzten Abschnitt dargelegt, wären dagegen – nach dem heutigen, zweifellos mit vielen Unsicherheiten behafteten Stand unserer Kenntnisse – bei einem CO_2-Niveau von etwa 750 ppm (mit einer auf $\pm 20\%$ zu schätzenden Fehlergrenze) zu erwarten. Dies gilt um so mehr, als inzwischen immer wieder neue Befunde den sehr raschen Ablauf früherer Klimaschwankungen (MÜLLER) unter Beweis stellen.

Damit erhält aber die *Energiepolitik*, die schon an sich vor tiefgreifenden Entscheidungen steht, eine ungeahnte Dimension. Während das Risiko der Kernenergie sich jedenfalls technologisch minimieren läßt, kann eine massive Verstärkung des Einsatzes von Kohle zu einem größeren, wirklich globalen Risiko führen, das die Menschheit nach Ablauf weniger Generationen als Ganzes trifft. Daß dieses Problem den heraufziehenden politisch-ökonomischen Nord-Süd-Konflikt erheblich verschärfen kann, ist einleuchtend. Aber bevor man die Politiker dieser Welt vor eine Entscheidung von dieser Schwere stellen kann, müssen die Unsicherheiten – zunächst hinsichtlich der CO_2-Bilanzen und damit der künftigen Entwicklung des CO_2-Gehalts der Atmosphäre, aber auch hinsichtlich der regionalen Auswirkungen auf Klima und Wasserhaushalt, auf Landwirtschaft und Fischerei – beseitigt oder doch wenigstens stärker eingegrenzt werden. Zu diesem Ergebnis ist auch die Genfer Welt-Klima-Konferenz der Experten gelangt. Wir stehen hier in der vollen Verantwortung für die künftigen Generationen, der wir uns nicht entziehen dürfen. Hier geht es um mehr als die nächste Wahl: es geht um das Wohl, um das Schicksal unserer Kinder und Enkelkinder.

Summary

Man's activity increasingly affects the evolution of climate in a foreseeable future. This began as early as with the neolithic revolution (by conversion of vegetation and soil), intensified by the industrial revolution (changing atmospheric constituents, aerosol particles) and by the exponential growth of world's population. Based on recent model calculations, the role of carbon dioxide and other trace gases and the so-called greenhouse effect of the atmosphere will be discussed, as well as possible sources of error of forecasting the future fate of CO_2.

Since no sufficiently realistic interactive models of the climatic system (i.e. atmosphere, ocean, cryosphere and biosphere) will be available quite soon, analogues from the historic and geologic past are offered and critically discussed. Of peculiar interest is the Pliocene (about 3–5 million years ago), during which the Antarctic continent was highly glaciated, while the Arctic Ocean was ice-free: this asymmetry verifies a model hypothesis proposed 1962 by BUDYKO. Critical thresholds of the CO_2 content are estimated; in the latter case large-scale displacements of the earth's climatic belts have to be expected.

Anhang

Ozeanische Auftriebsvorgänge und Klima-Schwankungen

In den klassischen Lehrbüchern der Klimatologie wird die Rolle des aufquellenden Kaltwassers aus tieferen Ozeanschichten nur selten im Detail behandelt. Insbesondere beschränken sich diese fast immer auf Gebiete mit *küstennahem* Auftriebswasser. Die bekanntesten Beispiele sind auf der Nordhalbkugel (im Nordsommer) die Küsten Kaliforniens und Nordwestafrikas, daneben die Somaliküste, Südarabien und z. T. die Nordküste Südamerikas, auf der Südhalbkugel (im Südsommer) die Westküste Südamerikas (Peru–Ecuador) und Afrikas (Angola–Gabun). Ziemlich ausführlich, wenn auch vorwiegend deskriptiv, ist die Darstellung in den „Problem-Klimaten der Erde" von G. T. TREWARTHA.

Erst in den letzten Jahrzehnten hat man klar erkannt, daß längs des *Äquators* unter bestimmten Voraussetzungen ebenfalls eine Auftriebszone kalten Tiefenwassers existiert, die im Pazifik von der südamerikanischen Küste in etwa 80°W bis an die Datumsgrenze bei 180°W oder noch darüber hinaus auf die östliche Halbkugel reicht, also über eine Entfernung von etwa 12.000 km. In geringerem Ausmaß ist das auf dem Atlantik der Fall, jedenfalls im Nordsommer; im Indik fehlt das Auftriebsphänomen anscheinend nahezu völlig. Die Ursachen dieses Aufquellens sah man zunächst (BJERKNES) in der Divergenz der Ekman-Drift des Oberflächenwassers. Nach EKMAN's Theorie wird die Oberflächenschicht des Meeres unter dem Einfluß der Schubspannung des Windes so abgelenkt, daß im Integral über die ganze Reibungs- oder Ekmanschicht (60 bis 100 m mächtig) eine Driftbewegung senkrecht zur Windrichtung nach der antizyklonalen Seite hin entsteht, d. h. auf der Nordhalbkugel nach rechts, auf der Südhalbkugel nach links. Bei Winden aus östlicher Richtung beiderseits des Äquators führt dies zu einer Divergenz der Ekman-Drift, bei Winden mit einer westlichen Komponente – wie im Indik – zu einer Konvergenz. Hierdurch entstehen Auftriebskräfte, die bei Divergenz das Kaltwasser unterhalb der Sprungschicht (Thermokline) aufquellen lassen, bei Konvergenz das oberflächennahe Warmwasser zum Absinken zwingen. Diese Betrachtungsweise ist aber streng nur bei geradlinigen, scherungsfreien Windströmungen in zonaler Richtung anwendbar; die Vertikalkomponente wäre dann symmetrisch zum Äquator angeordnet.

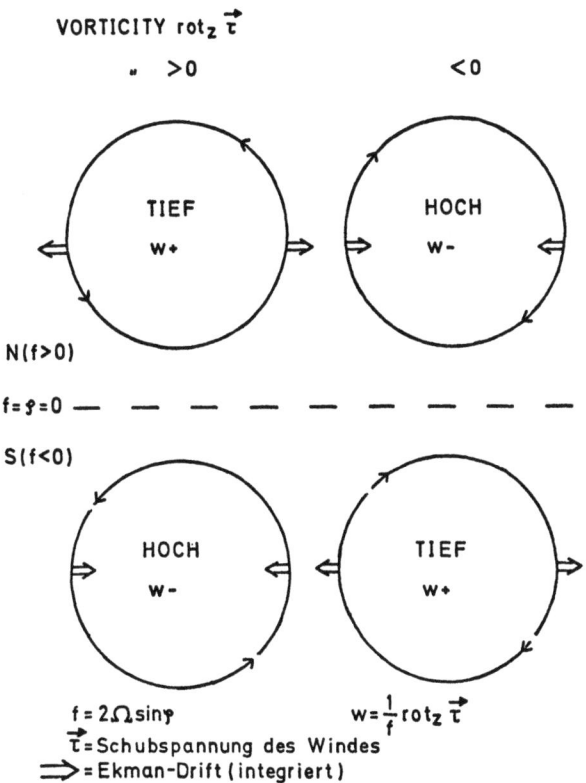

Fig. 6: Zusammenhänge zwischen der Vertikalbewegung des Wassers an der Untergrenze der Ekman-Schicht, der Ekman-Drift, der Rotation der Schubspannung des Windfeldes (rot$_z$ $\vec{\tau}$) (Hoch = antizyklonal, Tief = zyklonal, Drehsinn auf beiden Halbkugeln verschieden) und dem Coriolisparameter f. Gestrichelt: Äquator (f = φ = 0).

Die allgemeine Lösung in den oberen Ozeanschichten (die man in den neueren theoretischen Lehrbüchern nachlesen kann) entspricht den Verhältnissen in der (rund 1000 m mächtigen) bodennahen Ekman-Schicht der Atmosphäre. In einem zyklonalen Windfeld entsteht als Folge der Bodenreibung eine aufwärtsgerichtete Komponente, bei antizyklonalem Windfeld dagegen Absinken an der Obergrenze der Reibungsschicht. Bei der windgetriebenen Ekman-Drift im Ozean entsteht an der Untergrenze der Ekman-Schicht bei zyklonalem Windfeld Auftrieb, bei antizyklonalem Windfeld dagegen Absinken (Fig. 6). Die entsprechende Gleichung lautet (w = vertikale Komponente, positiv nach oben, $\vec{\tau}$ Schubspannungsvektor des Windes parallel zur Windrichtung, Coriolisparameter f = 2 Ω sin ϕ mit Ω = Drehimpuls der festen Erde, ϕ = Breite, ϱ = Dichte): $\varrho\,w = f^{-1} \text{rot}_z\,\vec{\tau}$.

Im Nordsommer überschreitet im Pazifik und Atlantik (FLOHN 1957, HANTEL 1970) das Windsystem der Südhalbkugel mit zyklonaler Vorticity (hier rot$_z$ $\vec{\tau}$ <o) den Äquator, wo f (mit ϕ) sein Vorzeichen umkehrt. Während südlich des Äquators (f <o) w positiv ist, also Auftrieb erzeugt, erzwingt das gleiche Windfeld nördlich des Äquators (f >o), wo es im nordhemisphärischem Sinn als antizyklonal bezeichnet werden muß, durch Konvergenz der Ekman-Drift eine abwärts gerichtete Komponente. Daten der Wassertemperatur belegen, bei genügender räumlicher Auflösung ($\Delta \phi$ = 1–2°), diesen raschen Wechsel von „upwelling" zu „downwelling" in Nähe des Äquators (HASTENRATH und LAMB), wo dieser Effekt – mit $\phi \to o$ und $f^{-1} \to \infty$ – sein Maximum erreicht. Wegen der hemisphärischen Asymmmetrie des Windfeldes – über deren geophysikalischen Zusammenhänge vgl. FLOHN (1978) – tritt dieses Phänomen im Nordwinter auf der Nordseite des Äquators normalerweise nicht auf.

Das Aufquellen in *Küstennähe* findet optimale Voraussetzungen an langgestreckten Küsten parallel zur Windrichtung, wenn der höhere Druck (die antizyklonale Seite des Windfeldes) auf See liegt. Das ist aus thermischen Gründen im Sommer der jeweiligen Halbkugel in rand- und subtropischen Breiten am besten ausgepägt; dann entsteht eine ablandige Ekman-Drift mit aufquellendem Kaltwasser im Küstenbereich. Natürlich kommt es aus geographischen Gründen – etwa vor und hinter vorspringenden Kaps oder Inseln – zu Abschwächungen oder Verstärkungen. In allen Fällen sind die Vertikalkomponenten der Wasserbewegung nur gering, in der Größenordnung von einigen Dekametern pro Tag (gegenüber km/d in der Atmosphäre). Zusammen mit der Absorption der Sonnenstrahlung im Wasser ergibt sich eine Gleichgewichtstemperatur von 18 bis 22 °C gegenüber rund 27 °C im ungestörten tropischen Ozean, wo die Verdunstung ein Ansteigen über 29 bis 30 °C hinaus verhindert.

Während im Atlantik der jahreszeitliche Gang (Aufquellen von Mai bis Oktober) überwiegt (HENNING und FLOHN 1980), sind die unperiodischen Störungen im Pazifik häufiger. Das „El Niño"-Phänomen, bei dem im Südsommer (Niño = das Kind, d. h. ab Weihnachten) in unregelmäßigen Abständen tropisches Warmwasser das aufquellende Kaltwasser ablöst, beherrscht Klima, Ozean und Biosphäre von der Peru-Küste bis über die Datumsgrenze hinaus; auf die umfangreiche Literatur kann hier nicht eingegangen werden. Nach WYRTKI hängt diese Umstellung, die über 10.000 km hinweg (mit einer Kelvin-Welle) nahezu gleichzeitig einsetzt, mit dem Windfeld auf dem zentralen Pazifik zusammen: Verstärkung der passatischen Ostwinde führt zu Auftrieb, Abschwächung zur Vorherrschaft warmen Wassers. Zugleich kehrt sich das zonale Gefälle der Wasseroberfläche (von

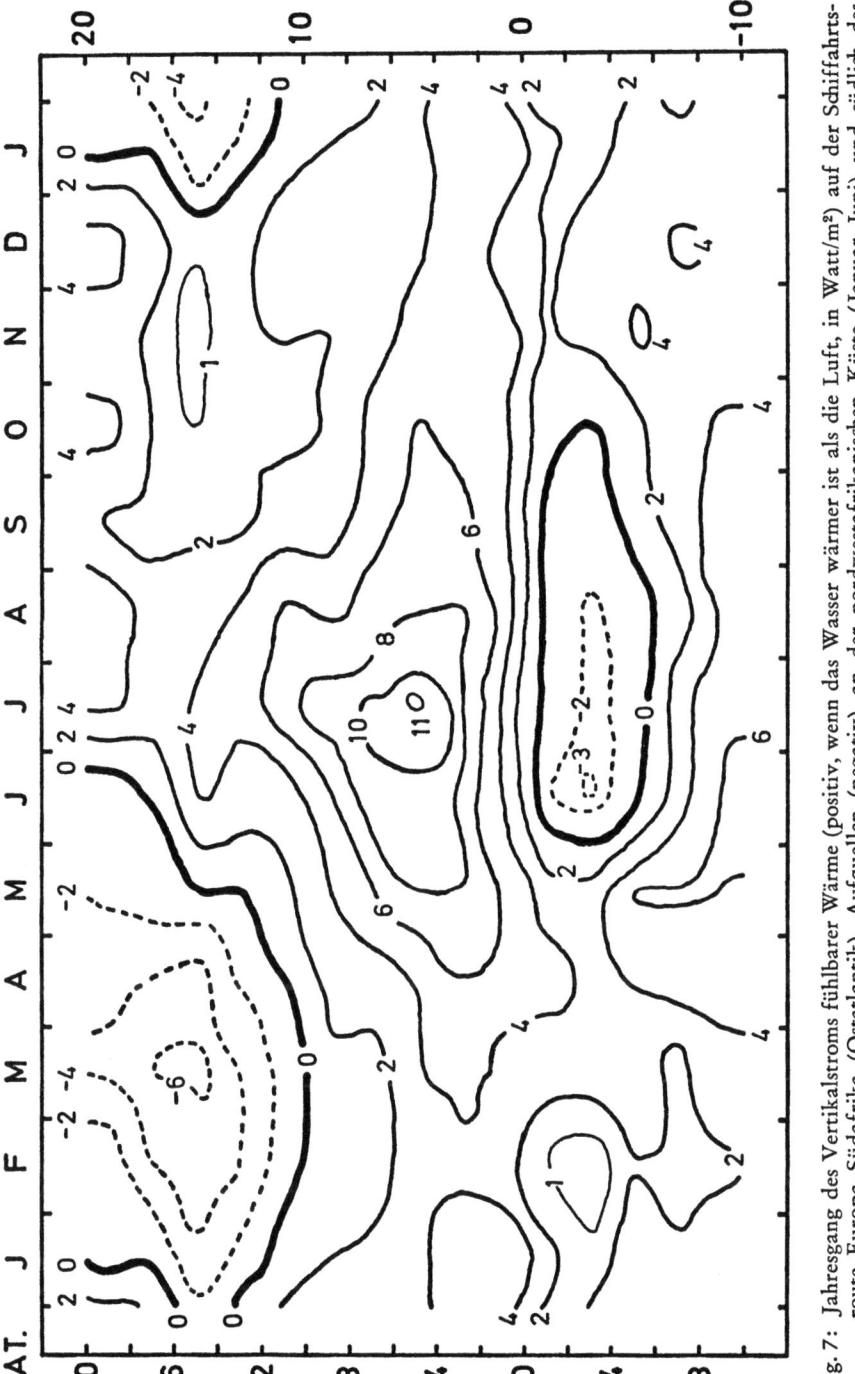

Fig. 7: Jahresgang des Vertikalstroms fühlbarer Wärme (positiv, wenn das Wasser wärmer ist als die Luft, in Watt/m²) auf der Schiffahrtsroute Europa–Südafrika (Ostatlantik). Aufquellen (negativ) an der nordwestafrikanischen Küste (Januar–Juni) und südlich des Äquators (Juni–Oktober), nach HENNING-FLOHN (1980).

der Größenordnung 10^{-8}) um. Eine geringfügig abweichende Interpretation vertritt REITER.

Für unsere Fragestellung ist die Rolle dieser beiden entgegengesetzten Bewegungstypen (Modi) für das *Klima* entscheidend. Während bei normalen, tropischen Wassertemperaturen von 26° bis 27 °C die Ozeanverdunstung knapp 4 mm/d oder 140 cm/Jahr beträgt, sinkt sie bei Kaltwasser-Auftrieb und Temperaturen von 18 bis 20 °C rasch ab auf Werte um und unter 1 mm/d (TREMPEL für den Raum der Galapagos, HENNNING und FLOHN für den äquatorialen Atlantik). Der schwache Strom fühlbarer Wärme (Fig. 7) kehrt sich um: die Luft gibt Wärme an das Wasser ab, die Schichtung der Atmosphäre wird stabil, und die konvektive Bewölkung der Tropenzone verschwindet als Folge atmosphärischen Absinkens über dem Kaltwasser. Die Niederschlagsunterschiede sind drastisch: in Nauru (1°S, 169°E) fielen von April 1916 bis März 1917 95 mm, dagegen von Mai 1918 bis April 1919 5047 mm.

Während sich also in den Kaltwasser-Auftriebsperioden auf der Äquator-Südseite eine ausgedehnte Zone mit atmosphärischem Absinken, divergierenden Bodenwinden, minimaler Verdunstung, Bewölkung und Niederschlägen ausbildet, wird diese in den Warmwasserphasen (El Niño) durch tropische Konvektion und Konvergenz, hohe Verdunstung und Niederschläge ersetzt. Die davon betroffenen Gebiete im Pazifik dehnen sich über etwa 12.000 × 800 km ($\sim 10^7$ km²) aus, im Atlantik über etwa 2,5 × 10⁶ km². Die normale tropische Zirkulation (zwei Hadley-Zellen mit einfacher innertropischer Konvergenzzone) wird aufgespalten in zwei Konvergenzzonen mit einer eingelagerten Absinkzone, die im Satellitenbild (auch im Monatsmittel: FLOHN 1975) sich deutlich abzeichnet.

Beschränken wir uns auf den äquatorialen Pazifik, dann ist in einem Warmwasserjahr die Verdunstung um $\sim 10^4$ km³/a höher als in einem Kaltwasserjahr. Das sind immerhin etwa 3,5% der globalen Meeres-Verdunstung: diese unterliegt also nicht ganz vernachlässigbaren interannuellen Schwankungen. Da die Verdunstung in erster Linie eine Funktion des Sättigungsdefizits ist, wirkt sich dieser Unterschied auch in der relativen Feuchte der Luft aus: diese beträgt (nach vorläufigen Auswertungen über dem äquatorialen Atlantik) über Warmwasser 77 bis 78%, über kaltem Auftriebswasser dagegen 82 bis 88%.

Aber auch der globale *Kohlenstoffhaushalt* unterliegt interannuellen Schwankungen, wie sie in den beiden Beobachtungsreihen ab 1958 (auf dem Mauna Loa auf Hawaii, in 3400 m Höhe, und am Südpol) deutlich in Erscheinung treten (KEELING und BACASTOW 1977). Wählt man anhand der Wassertemperaturen von Puerto Chicama (Peru, 7°S) in der Periode 1958 bis 1974 jeweils fünf Jahre mit den höchsten und fünf Jahre mit den niedrigsten Wassertemperaturen aus, dann beträgt die mittlere jährliche Zunahme des atmosphärischen CO_2-Gehalts (im Mittel der beiden Sektoren) in den Warmwasserjahren 1,11 ppm/a, in den Kaltwasserjahren dagegen nur 0,57 ppm/a. Nach NEWELL (1978) hängt diese positive Korrelation zwischen Wassertemperatur und Zunahme des atmosphärischen CO_2 von dem Nährstoffgehalt des kalten Auftriebswassers ab: während einer Kaltwasserphase ist dieser hoch und die Organismen entziehen der Atmosphäre mehr Kohlendioxyd als während der Zeitabschnitte mit vorherrschendem, wüstenhaft lebensarmem Warmwasser. Zugleich ergibt sich auch eine (regionale) positive Korrelation zwischen Wasserdampfgehalt und CO_2-Niveau.

Diese Befunde während der kurzfristigen (interannuellen) Klimaschwankungen der letzten Jahrzehnte können nun aber auch zum besseren Verständnis der *langfristigen* Klimaschwankungen während der letzten Eiszeit und des Holozäns herangezogen werden. Nach den neuesten, kritisch überprüften Befunden der Arbeitsgruppe von LORIUS in Grenoble (DELMAS et al. 1980) und OESCHGER in Bern (in BACH-PANKRATH-WILLIAMS 1980) betrug der CO_2-Gehalt der im Eis der Antarktis bzw. Grönlands eingeschlossenen Luftblasen während des Höhepunktes der letzten Eiszeit nur 170 bis 200 ppm, dagegen in der holozänen Warmzeit 350 bis 400 ppm (gegenüber 1890 ca. 290 ppm, 1978 335 ppm). Das sind offenbar sekundäre Klimaeffekte mit einer positiven (verstärkenden) Rückkopplung. Während der Eiszeit war die tropische Hadley-Zirkulation auf beiden Halbkugeln stärker als heute, und die höheren Windgeschwindigkeiten führten zu einer Zunahme der Häufigkeit und Intensität des aufquellenden Kaltwassers am Äquator und an anderen Küsten, mit Wassertemperaturen um 16 °C (CLIMAP). Dagegen war sie in der holozänen Warmzeit – wegen des Rückzuges des arktischen und subarktischen Treibeises und des geringen Temperaturgefälles Äquator–Pol – schwächer, mit der Konsequenz einer Abnahme der Kaltwasserphasen und eines Überwiegens, wenn nicht einer Vorherrschaft, der Warmwasserphasen.

Dieser Zusammenhang führt nun offenbar zu einem vollen Verständnis der sehr auffälligen, langfristigen Klimaänderungen in den *Tropen:* Während des Höhepunktes der letzten Eiszeit (etwa 20.000 bis 14.000 vh.) verschwanden die tropischen Regenwälder bis auf einige Refugien (VUILLEUMIER, SHACKLETON 1977) und wurden durch semiaride Savannen ersetzt, während sich die ariden Zonen der Subtropen ausweiteten (SARNTHEIN). Die Regenwälder erschienen wieder ab etwa 13.000 vh.; in der holozänen Warmzeit breiteten sich feuchte Vegetationstypen auf beiden Halbkugeln aus, und die Trockenzonen schrumpften ein (SARNTHEIN). Mit der eben angeführten Interpretation wird es verständlich, daß auch bei der Annahme einer konstanten

Energiezufuhr von der Sonne der globale Wasserhaushalt (Niederschlag = Verdunstung) erheblichen Schwankungen unterliegen kann: die in den Kaltwasserphasen nicht für die Meeresverdunstung verbrauchte Nettostrahlung wird für die Erwärmung des aufquellenden Tiefenwassers benötigt (Fig. 8). Eine *konservative* Abschätzung der Änderung der Meeresverdunstung zwischen den beiden extremen Phasen (18.000 vh. und etwa 9000 vh.) führt – unter Berücksichtigung der Änderungen im Meeresspiegel und in der Ausdehnung der Treibeisgürtel – auf eine Differenz von 21% (FLOHN 1979): in der Eiszeit −18%, in der Warmzeit +3% gegenüber heute.

Eine weitere Bestätigung dieser Zusammenhänge scheint sich (mit einer gewissen Phasenverschiebung) aus der Isotopenzusammensetzung der fossilen, im Mittel etwa 25.000 Jahre alten Grundwässer der Sahara zu ergeben: diese führen (MERLIVAT und JOUZEL, SONNTAG et al.) auf eine um 5 bis 10% höhere relative Feuchte in den Meeresgebieten, aus denen sie verdunstet sind. Während des Zeitabschnittes 30 bis 25.000 vh. ging aber das letzte Interstadial vor dem Maximum der letzten Eiszeit zu Ende; das Inntal bei Innsbruck war damals eisfrei, aber es herrschte dort eine Kaltsteppenvegetation (BORTENSCHLAGER) mit nur vereinzelten Bäumen; die Mitteltemperatur lag (im Sommer mindestens) 5 °C unter der heutigen (FLIRI). Damit wird auch für diese Phase bereits eine höhere meridionale Temperaturdifferenz und eine Verstärkung der tropischen Zirkulation gegenüber heute wahrscheinlich, d. h. eine Intensivierung des aufquellenden Kaltwassers.

Einen Sensitivitätstest mit einem idealisierten Wechselwirkungsmodell Atmosphäre/Ozean haben WETHERALD-MANABE bereits 1972 durchgeführt. Hier entstand bei symmetrischer Anordnung auf dem Ozean ein ganzjähriges breites Band niedriger Wassertemperaturen (mit Absinken und einem Niederschlagsminimum) beiderseits des Äquators, im vollen Gegensatz zu dem Ergebnis auf Land. Mit einem atmosphärischen Vorhersagemodell mit vorgegebener Wassertemperatur T_w hat ROWNTREE gezeigt, wie eine positive T_w-Anomalie am Äquator zu einer Verstärkung des Subtropenjets, zu erhöhten Niederschlägen und anderen Klima-Anomalien führt. Die Ergebnisse sind insofern nicht ganz überzeugend, weil bei diesem Experiment die Nordhemisphäre am Äquator gespiegelt wurde, während in Wirklichkeit ja gerade eine Asymmetrie am Äquator beobachtet wird. Jedenfalls sind Experimente mit möglichst realistischen Wechselwirkungsmodellen zur Untersuchung der Folgewirkungen der äquatorialen T_w-Anomalien auf der ganzen Erde dringend erwünscht.

Für die Klimageschichte der Tropen spielt offenbar das Wechselspiel zwischen Kalt- und Warmwasserphasen in der Äquatorzone eine Schlüsselrolle, ähnlich wie die des arktischen und subarktischen Treibeises für die globale

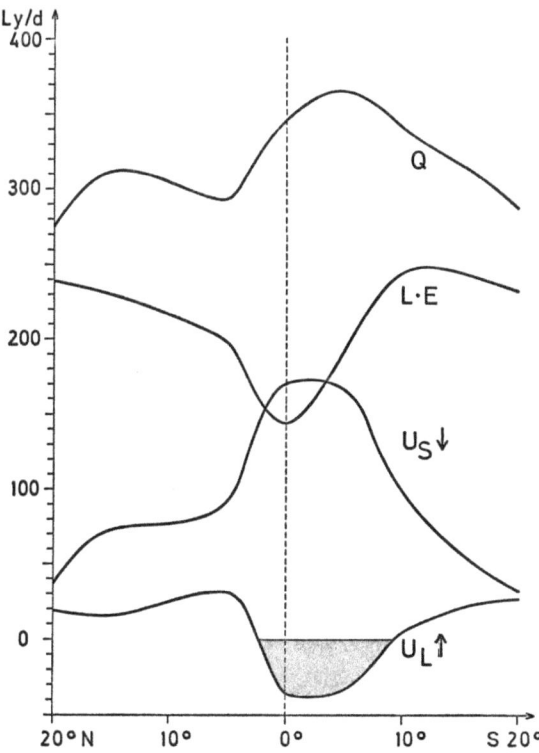

Fig. 8: Schätzwerte des Wärmehaushalts (nach WYRTKI 1965) über dem äquatorialen Pazifik, Mittel 90–180°W. Q = Strahlungsbilanz (Nettostrahlung) an der Oberfläche, L · E = Verdunstungsenergie (Werte wegen geringer räumlicher Auflösung in Äquatornähe zu hoch), U_s = Wärmeaufnahme des Ozeans (mit Maximum im Aufquellgebiet auf der Südseite des Äquators, U_L = Strom fühlbarer Wärme. Wärmehaushaltsgrößen in Langley/Tag = gcal/cm²d; 1 Ly/d = 0,484 Watt/m²; 100 Ly/d ~ 1,7 mm/d (Verdunstung).

Zirkulation. Hier handelt es sich um rasche Umschläge zwischen zwei großräumig entgegengesetzten Modi der dynamischen und thermischen Wechselwirkung zwischen Ozean und Atmosphäre. Experimentelle, hydrologische, paläoozeanographische, vegetationsgeschichtliche und paläoklimatische Untersuchungen greifen hier ineinander; weitere Arbeiten auf diesen Gebieten müssen zeigen, ob das hier nur in großen Zügen – unter Verzicht auf zahlreiche weitere Details und Literaturangaben – umrissene Bild einer verschärften Kritik standhält. Sie führen auf einen großräumigen, hemisphärischen Rückkopplungs-Mechanismus, der CO_2- und H_2O-Gehalt der Atmosphäre mit der mittleren Temperatur, dem meridionalen Temperaturgefälle

(Baroklinität) und damit der Intensität der atmosphärischen Zirkulation und der Winde im Sinne einer wechselseitigen Verstärkung koppelt.

Einen Zusammenhang zwischen globalem Eisvolumen und Intensität des äquatorialen Aufquellphänomens haben MOLINA-CRUZ und VALENCIA (1977) anhand pazifischer Bohrkerne nachgewiesen.

Literaturauswahl

1. N. R. ANDERSEN, A. MALAHOFF (Eds.): The Fate of Fossil Fuel CO_2 in the Oceans. Marine Science Vol. 6, New York.
2. T. AUGUSTSSON, V. RAMANATHAN: Journ. Atmos. Sci. *34* (1977), 448–451.
3. W. BACH, J. PANKRATH, J. WILLIAMS: Interactions of Energy and Climate. D. Reidel Publ. Comp (Dordrecht) 1980, XL + 569 S.
4. A. BERGER: Quaternary Research *9* (1978), 139–167; Journ. Atmos. Sci. *35* (1978), 2362–2367; Geophysical Survey *3* (1979), 351–402.
5. B. BOLIN et al. (Eds.): The Global Carbon Cycle. SCOPE Publications Vol. 13 (1979), J. Wiley, Cambridge.
6. R. A. BRYSON: Science *184* (1974), 753–760.
7. M. J. BUDYKO: Izv. Ak. Nauk. USSR, Ser. Geogr. 1962, No. 6, 3–10; Tellus *21* (1969), 611–619.
8. G. CALLENDAR: Quart. Journ. Roy. Met. Soc. *64* (1938), 223–240.
9. R. H. DICKE: Nature *276* (1978), 676–680; *280* (1979), 24–27.
10. J. A. EDDY: Science *192* (1976), 1189–1202; *198* (1977), 824–829.
11. H. FLOHN: Zeitschr. f. Erdkunde *9* (1941), 13–22.
12. H. FLOHN: Arbeitsgemeinschaft für Forschung des Landes Nordrhein-Westfalen Heft N 115 (1963); Rheinisch-Westfälische Akademie der Wissenschaften, Heft N 234 (1973), 75–117.
13. H. FLOHN in J. WILLIAMS (Ed.): Carbon Dioxide, Climate and Society, Oxford 1978, S. 227–237.
14. H. FLOHN: Possible Climatic Consequences of a Man-Made Global Warming. IIASA RR–80–30, XII + 80 S.
15. H. FLOHN, Sh. NICHOLSON: Paleoecology of Africa *12* (1980), 3–21.
16. K. FRAEDRICH: Quart. Journ. Roy. Met. Soc. *104* (1978), 461–474; *105* (1979), 147–167.
17. L. A. FRAKES: Climates Throughout Geological Times. Elsevier (Amsterdam) 1979.
18. B. FRENZEL: Die Klimaschwankungen des Eiszeitalters. Wiesbaden 1968.
19. K. HASSELMANN and Coll.: Tellus *28* (1976), 473–485; *29* (1977), 289–305, 385–392.
20. W. D. HIBLER III: Journ. Phys. Oceanogr. *9* (1979), 815–846.
21. G. E. HOLLIS: Geogr. Journ. *144* (1978), 62–80.
22. D. V. HOYT: Climatic Change *2* (1979), 79–92.
23. Chr. JUNGE: Proc. IAMAP Conference Melbourne 1974, Vol. I, 1–16.
24. W. W. KELLOGG: siehe in (3), S. 281–296.
25. J. P. KENNETT: Journ. Geophys. Res. *82* (1977), 3843–3860.
26. H. C. KORFF, H. FLOHN: Ann. Meteor. N.F. *4* (1969), 163–164.
27. A. KRATZER: Das Stadtklima. 2. Auflage, Vieweg, Braunschweig 1956.
28. G. J. KUKLA: Earth-Science Review *13* (1977), 307–374.
29. S. MANABE, R. T. WETHERALD: Journ. Atmos. Sci. *32* (1975), 3–15; *37* (1980), 99–118.
30. S. MANABE, K. BRYAN, M. J. SPELMAN: Dynamic of Atmosphere and Oceans *3* (1979), 393–426.
31. S. MANABE, R. J. STOUFFER: Nature *282* (1979), 491–493.
32. C. MAAS, S. H. SCHNEIDER: Journ. Atmos. Sci. *34* (1977), 1995–2004.
33. J. H. MERCER: Nature *271* (1978), 321–325.

34. N. A. Mörner: Palaeogeogr., Palaeoclim., Palaeoecology *19* (1976), 63–85.
35. H. Müller in: W. Bach u. a. (Eds.) Man's Impact on Climate. Elsevier, Amsterdam 1979, S. 29–41.
36. R. Munn, H. Machta in: Proceedings of the World Climate Conference, WMO No. 537 (1979), S. 170–209.
37. J. S. Olson et al.: Changes in the Global Carbon Cycle and the Biosphere. Oak Ridge National Laboratory ORNL–1050 (1978).
38. A. B. Pittock: Rev. Geophysics Space Physics *16* (1978), 400–420.
39. G. N. Plass: Tellus *8* (1956), 140–156.
40. V. Ramanathan, M. S. Lian, R. D. Cess: Journ. Geophys. Res. *84* (1979), 4941–4958.
41. R. Revelle, H. E. Suess: Tellus *9* (1957), 18–27.
42. R. Rotty in J. Williams (Ed.): Carbon Dioxide, Climate and Society. Oxford 1978, S. 263–273.
43. SMIC: Study of Man's Impact on Climate. MIT Press 1971.
44. M. J. Tooley: Geogr. Journ. *140* (1974), 18–42.
45. W. C. Wang et al.: Science *194* (1976), 685–690.
46. M. A. J. Williams, H. Faure (Eds.): The Sahara and the Nile. Rotterdam 1980.
47. World Meteorological Organization/ICSU: Physical Base of Climate and Climate Modelling. GARP Publication No. 16 (1975).
48. World Meteorological Organization: Proceedings of the World Climate Conference. Génève, WMO-Nr. 537 (1979).

Literatur zum Anhang

1. J. Bjerknes: Tellus *18* (1966), 820–829; Monthly Weather Review *97* (1969), 163–172.
2. S. Bortenschlager in S. Horie (Ed.): Paleoclimatology of Lake Biwa and the Japanese Pleistocene Vol. 6 (1978), 309–311.
3. CLIMAP: siehe in R. M. Cline, J. D. Hays (Eds.): Geol. Soc. Amer. Memoirs *145* (1976).
4. R. J. Delmas et al.: Nature *284* (1980), 155–157.
5. F. Fliri in S. Horie (Ed.): Paleoclimatology of Lake Biwa and the Japanese Pleistocene Vol. 6 (1978), 303–308.
6. H. Flohn: Beitr. Phys. Atmos. *30* (1957), 18–46.
7. H. Flohn: Forsch.-Berichte des Landes Nordrhein-Westfalen 2448 (1975), Bonner Meteor. Abhandl 21 (1975).
8. H. Flohn in E. M. van Zinderen Bakker (Ed.): Antarctic Glacial History and World Palaeoenvironments. Balkema, Rotterdam 1978, pp. 3–15.
9. H. Flohn: Paper RR–80–30, Internat. Appl. Syst. Analysis, Laxenburg/Austria 1980.
10. M. Hantel in A. L. Gordon (Ed.): Studies in Physical Oceanography Vol. 1 (1970), S. 121–136.
11. S. Hastenrath, P. Lamb: Climatic Atlas of the Tropical Atlantic and Eastern Pacific Oceans. Univ. of Wisconsin Press 1977.
12. D. Henning, H. Flohn: Contrib. Atmos. Phys. *53* (1980), 430–441.
13. C. D. Keeling, R. Bacastow in R. Revelle (Ed.): Energy and Climate. Nat. Ac. Sc. 1977, S. 110–160.
14. L. Merlivat, J. Jouzel: Journ. Geophys. Res. *84* (1979), 5029–5033.
15. A. Molina-Cruz: Quaternary Research *8* (1977), 324–338.
16. R. E. Newell et al.: Pure and Applied Geophysics *116* (1978), 351–371.
17. E. R. Reiter: Journ. Atmos. Sci. *35* (1978), 349–370; Arch. Meteor. Geophys. Biokl. *A 28* (1979), 113–126.

18. P. R. ROWNTREE: Quart. Journ. Roy. Met. Soc. *98* (1972), 290–321.
19. M. SARNTHEIN: Nature *272* (1978), 43–46.
20. N. SHACKLETON in N. R. ANDERSEN, A. MALAHOFF (Eds.): The Fate of Fossil Fuel CO_2 in the Oceans. Marine Science Vol. 6, Plenum Press, New York 1977, pp. 401–427.
21. Chr. SONNTAG et al.: Isotope Hydrology 1978, Vol. II (1979), 569–581.
22. U. TREMPEL: Dipl. Arbeit Univ. Bonn 1978.
23. G. W. TREWARTHA: The Earth's Problem Climates. Univ. of Wisconsin Press, 1962.
24. M. J. VALENCIA: Quaternary Research *8* (1977), 339–354.
25. B. S. VUILLEUMIER: Science *173* (1971), 771–780.
26. R. WETHERALD, S. MANABE: Monthly Weather Review *100* (1972), 42–59.
27. K. WYRTKI: Journ. Geophys. Res. *70* (1965), 4547–4560.
28. K. WYRTKI: Journ. Phys. Oceanogr. *5* (1975), 572–584; *7* (1977), 779–787; *9* (1979), 1223–1231.

Diskussion

Herr Kick: Es ist bekannt, daß durch die Anhebung der CO_2-Gehalte der Atmosphäre die Photosynthese verstärkt wird. Es wird daher vermutlich wieder ein Teil dieses Mehr an CO_2 der Atmosphäre entzogen und in Biomasse festgelegt.

Sie haben erwähnt, daß das Abbrennen der Wälder der Verbrennung der fossilen Brennstoffe entspräche. Ich weiß nicht, wie man das berechnet. Jährlich wächst in unseren Wälder je Hektar vielleicht fünf Festmeter Stammholz heran, das heißt, etwa vier Tonnen Holz, mit einem Gehalt von etwa 45% Kohlenstoff, also etwa zwei Tonnen. Wir haben in der Bundesrepublik ca. 7,5 Millionen Hektar Wald. Es würden für längere Zeit also ungefähr 15 Millionen t CO_2-Kohlenstoff jährlich festgelegt. Das sind geringe Mengen.

Ich kann mir fast nicht vorstellen, daß die CO_2-Gehalte der Atmosphäre so stark anwachsen sollen, wenn man Wälder, wie Sie sagten, abbrennt; denn dort, wo die Wälder abgebrannt werden, werden auch wieder Pflanzen angebaut und wieder Biomasse produziert. Wahrscheinlich sogar schneller und mehr als dies der Wald vermag. Der Wald produziert auch Laubstreu usw., die sich zersetzt und CO_2 entbindet. Daraus entsteht ein verhältnismäßig schneller Kreislauf und ein Teil wird in diesem Kreislauf wieder festgelegt. Dies geschieht auch bei landwirtschaftlichen Kulturen. Die landwirtschaftliche Produktion steigt weltweit. Das ergibt ja auch wieder eine Bindung des CO_2.

Kann man darüber irgendwie genauere Angaben machen?

Herr Flohn: Was die landwirtschaftliche Produktion betrifft: die einjährigen Pflanzen muß man in diesem Zusammenhang vernachlässigen, denn was in einem Jahr als Biomasse produziert wird, wird im gleichen Jahr wieder in CO_2 umgesetzt; das Stroh wird verbrannt und das Laub wird zu Humus zersetzt. Das ist ein schneller Kreislauf, in dem Speicherung nur eine geringe Rolle spielt. Die Speicherung tritt im Wald oder allgemeiner bei mehrjährigen Pflanzen ein. Die Biologen, die diese Bilanz zusammengestellt haben, rechnen mit einer durchschnittlichen Lebensdauer des Waldes in der Größenordnung von sechzig Jahren.

Es wird ja nur ein kleiner Teil des Waldes als Nutzholz für längere Zeit festgelegt; das meiste wird verbrannt. Wenn wir allein den Verbrauch an Feuerholz in den Entwicklungsländern rechnen, dann sind das 1,5 t pro Familie und Jahr, so daß heute schon in diesen Ländern der Preis des Feuerholzes bis zu einem Drittel des Gesamteinkommens ausmacht. Das spielt eine große Rolle bei dem Problem der Desertifikation.

Wenn die Entwicklung in dem Tempo weitergeht wie heute, werden die tropischen Wälder schneller zerstört sein als die Wälder unserer Breiten. In vielleicht fünfzig bis sechzig Jahren wird nicht mehr sehr viel davon übrig sein. Ich kann hier nur auf den zusammenfassenden Bericht der SCOPE-Kommission verweisen. Die Daten sind äußerst eindrucksvoll, in ihrer Vielfalt und in Abhängigkeit von den verschiedenen Vegetationstypen.

Ein weiteres Argument darf hier nicht vergessen werden: Ein großer Teil des CO_2 ist im Humus und damit im Boden gespeichert, und die Bodenzerstörung setzt auf jeden Fall mehr CO_2 frei als gespeichert wird.

Herr Welte: Sie haben auf die Bedeutung der Ozeane als Senke oder auch als Nicht-Senke hingewiesen. In der Erdgeschichte gibt es viele Beispiele dafür, daß das Gleichgewicht CO_2-HCO_3-CO_3 eine außerordentlich labile Situation darstellt. Man weiß zum Beispiel, daß im Devon, also zur Zeit, als die Pflanzen vom Wasser aus auch die Festländer besiedelten, weltweit sehr viele Carbonate ausgefällt wurden. Wir haben eine ähnliche Situation im Karbon, wo auf dem Festland das Pflanzenwachstum weltweit explosionsartig anstieg, und auch aus dieser Zeit kennen wir viele karbonatische Sedimente. Wir haben ähnliches wieder in der Kreide und im Tertiär mit dem Auftreten der Angiospermen; auch wenn die Zusammenhänge nicht so einfach sind, stelle ich sie jetzt doch einmal so dar.

Wir kennen ähnliche Probleme heutzutage. Wenn wir etwa über den Persischen Golf fliegen, dann sieht man tagsüber die berühmten „Whitings". Das sind jene Ausfällungen von Calcium-Carbonat durch die Photosynthese. Abends, wenn die Sonne untergeht, setzt die Respiration ein und die „Whitings" verschwinden wieder, nicht nur, weil man sie nicht mehr sieht, sondern weil sie sich in der Tat auflösen.

Gibt es gezielte Untersuchungen mit Daten über diese Frage des CO_2-Puffer-Systems in den Ozeanen? Ich könnte mir vorstellen, daß etwa durch eine solche Pufferwirkung eine Verminderung des Anwachsens des CO_2-Pegels in der Erdatmosphäre zustande kommen könnte.

Herr Flohn: Das ist in der Tat einer der aktuellsten Fragen der chemischen Ozeanographie. Ich verweise auf eine Zusammenstellung der Vorträge von einem Symposium im Jahre 1977, in dem dieses Problem quantitativ diskutiert wird (N. ANDERSEN and MALAHOFF).

Ein Ergebnis ist sicher: Der tiefe Ozean kann noch sehr viel CO_2 speichern. Er ist weitgehend ungesättigt, und die Kalkschalen, die herunterrieseln, werden unterhalb einer kritischen Tiefe, der „Lysokline", zum großen Teil aufgelöst, bevor sie den Tiefseeboden erreichen.

Die Mischung zwischen Wasser der oberen Mischungsschicht und dem Tiefenwasser geschieht aber praktisch nur an ganz wenigen Stellen, vielleicht auf 1 bis 2% der Ozeanfläche in den hohen Nordbreiten und in den hohen Südbreiten. Für die mittleren Schichten des Ozeans spielt auch das Aufquellen in Äquatornähe eine gewisse Rolle, wo nährstoffreiches Kaltwasser von unten aufquillt und wesentlich mehr CO_2 absorbiert als das tropische Warmwasser.

Zweifellos kann das Problem der CO_2-Bilanz nur mit Hilfe der chemischen und biologischen Ozeanographie gelöst werden. Ich verweise vor allem auf die Arbeiten von W. BROECKER an der Columbia Universität, der der führende Spezialist auf diesem Gebiet ist.

Herr Fettweis: In einer der ersten Kurven, vielleicht auch im ersten Dia, hatten Sie den Anstieg des CO_2 u. a. mit und ohne Kernenergie gezeigt. Ohne Kernenergie ergab sich da ein Maximum etwa im Jahre 2060. Wie kommt das zustande? (Anmerkung: Es handelt sich um Modellrechnungen von A. Voß (KFA Jülich), die hier im Vortragstext nicht wiedergegeben wurden.)

Herr Flohn: Das kommt deshalb zustande, weil um diese Zeit etwa die Hälfte der Vorräte fossiler Brennstoffe aufgebraucht sein soll; schon aus Preisgründen kommt es danach zu einer Abnahme des Verbrauchs. Das entspricht der sogenannten logistischen Funktion, die in einem Diagramm mit den Koordinaten Gesamtvorrat und Zeit eine flache S-Kurve bildet.

Wir befinden uns zur Zeit auf dem ansteigenden Ast vor dem Umbiegen, auf dem Ast, der sich asymptotisch dem Grenzwert des totalen Aufbrauchs der Reserven nähert. Dieses Umbiegen müßte etwa um die Hälfte des nächsten Jahrhunderts stattfinden, wenn die Wachstumsraten in der gleichen Größenordnung wie bisher bleiben; diese Voraussetzung ist inzwischen jedoch sehr problematisch geworden.

Herr Wilke: Herr Flohn, Sie haben auch auf die Bedeutung des N_2O hingewiesen. Ist eigentlich das N_2O UV-stabil? Ich möchte meinen, daß das N_2O in der höheren Atmosphäre durch das UV-Licht in Stickstoff und Sauerstoff zersetzt wird.

Herr Flohn: Das ist richtig. Der ganze Fragenkomplex der photochemischen Umsetzungen in der höheren Stratosphäre – es gibt über 150 Prozesse dieser Art, deren Konstanten z. T. nur ungenau bekannt sind – ist aber leider nur wenigen Spezialisten zugänglich. Die neuesten Arbeiten über das N_2O laufen darauf hinaus, daß es eine mittlere Verweilzeit in der Atmosphäre von mindestens dreißig Jahren haben muß.

Herr Wilke: In welcher Höhe gemessen oder berechnet?

Herr Flohn: Das gilt im Mittel über die ganze Atmosphäre. N_2O wird durch diese photochemischen Vorgänge oben zerstört, aber in den unteren Schichten immer wieder neu gebildet durch die Zersetzung der Stickstoffdünger, aber noch stärker durch natürliche Prozesse. Leider ist der Stickstoffhaushalt, der jetzt von einer anderen Arbeitsgruppe von SCOPE untersucht wird, in seinen Einzelheiten noch weniger bekannt als der Kohlenstoffhaushalt.

Herr Raschke: Herr Flohn, angesichts dieses interessanten und bedeutenden Problemkreises wäre es doch notwendig, wenn man schon ein Szenarium untersucht, möglichst komplet zu arbeiten. Alle Kurven, die Sie zeigten, beruhen im wesentlichen auf sehr simplifizierten Annahmen, so zum Beispiel, daß der CO_2-Abbau im Wasser oder in der Biosphäre vernachlässigt worden ist.

Nun müßte man bei der Klimavorhersage, was in dieser Hinsicht eigentlich interessiert, doch ein möglichst komplettes Modell schaffen, damit nicht nur die Dynamik der Atmosphäre komplett ist, sondern auch die Dynamik der Ozeane berücksichtigt wird, die ja in ganz anderer Zeitskala abläuft, einschließlich aller Wechselwirkungen.

Was wir derzeit bezüglich der Erwärmung gesehen haben, ist ja zum Teil noch ohne den hydrologischen Zyklus (Verdunstung und Niederschläge) und insbesondere mit einer einfachen Strahlungswirkung der Bewölkung berechnet worden. Das Manabe-Modell ist also in dieser Hinsicht ein ganz primitives Modell, indem es Wolken gerade dort entstehen läßt, wo Übersättigung vorhanden ist, was zwar der Fall sein kann, aber die optische Transparenz von Wolken ist doch sehr unterschiedlich.

Die Frage ist jetzt die: Gibt es Bestrebungen, sozusagen die Aktivitäten in ein wirklich großes Paket zusammenzupacken, um die Kreisläufe einschließlich des CO_2-Kreislaufs zu erfassen, von dem Sie zeigten, daß wahrscheinlich bei einigen Komponenten desselben noch nicht einmal die Richtung gesichert bekannt ist?

Gibt es Bestrebungen, dieses zu einem großen kombinierten Modell zusammenzustellen? Dann erst werden solche Aussagen über den Trend des Klimas einigermaßen aussagekräftig. Im Prinzip kann man in den Modellen immer noch eine Abkühlung erzeugen, wenn man die Bewölkung in den verschiedenen Modellen ein wenig anders einsetzt.

Herr Flohn: In der Tat ist unser Wissen über die Wechselwirkung zwischen Bewölkung und Strahlung noch sehr lückenhaft. Aber wie Sie selbst am besten wissen, sind jetzt eine Reihe von Meßserien geplant, die dieses Problem aufhellen sollen.
Inzwischen liegen Modellrechnungen mit drei verschiedenen Modellen vor. Hierbei stand der Einfluß der Bewölkung im Vordergrund: Wie wird sich die Bewölkung ändern, wenn wir unter einigermaßen realistischen Bedingungen eine Erwärmung bzw. eine Zunahme des CO_2-Gehaltes annehmen? Diese drei Modelle haben unabhängig voneinander das gleiche, etwas überraschende Ergebnis erbracht, daß die Bewölkung abnehmen und nicht zunehmen müßte.
Ich selbst bin der Auffassung, daß die Bewölkung dem Kontinuitätsgesetz unterliegt: sie entsteht im aufsteigenden Luftstrom und wird aufgelöst im absteigenden Luftstrom. Dabei kann sich nicht viel ändern, denn die Summe der Vertikalbewegungen über der ganzen Erde muß immer Null ergeben.
Es gibt allerdings Stratuswolken, die in den Industriegebieten eine etwas größere Rolle spielen, aber bei einer Labilisierung der Atmosphäre, wie bei einer massiven CO_2-Zunahme, müßten Häufigkeit und Verbreitung dieser stabilen Stratuswolken abnehmen. Man darf also diese hypothetische Rolle der Bewölkung auch nicht überschätzen.
Ich glaube, daß im Rahmen dieses jetzt von der WMO vorbereiteten Welt-Klima-Programms in den nächsten Jahren eine Art Arbeitsteilung zustande kommt. Sicher werden in Amerika, wo auf dem Gebiet der Klimamodelle wesentlich intensiver gearbeitet wird als bei uns, jetzt schon einige wirklich vollständige Modelle vorbereitet, die uns ein Stück weiterführen. Aber ich glaube auf der anderen Seite auch, daß wir ein Gesamtmodell, wie wir es brauchen, das die Wechselwirkungen in vollem Umfang und mit der nötigen räumlichen Auflösung in Rechnung stellt, frühestens in fünf oder zehn Jahren erwarten können.
Um einem Mißverständnis zu begegnen: diese Szenarien auf klima-historischer Basis haben mehr mit den mathematisch-physikalischen Modellen gemeinsam, als manche Theoretiker annehmen: die Problematik der Randbedingungen, die mangelhafte Kenntnis einiger zeitlich variabler geophysikalischer Parameter und Prozesse, die ungenügende räumliche Auflösung.

Bisher war noch kein Modell in der Lage, auch nur das heutige Klima in Bodennähe mit seinem jährlichen Gang genügend realistisch zu simulieren.

Aber die Fragen von Ökonomen und Politikern, mit denen wir konfrontiert werden, richten sich nicht auf das Klima, sondern auf seine Auswirkungen für Landwirtschaft, Wasserversorgung, Energiewirtschaft, Fischerei, um nur einige Beispiele zu nennen. Um diese Fragen zu beantworten, können und dürfen wir nicht auf wirklich einwandfreie Modellergebnisse warten; hier werden Szenarien benötigt, die wenigstens eine Aussage erster Näherung für die künftige Entwicklung des Klimas ermöglichen.

Herr Kick: Noch etwas zum Problem des NO_x, das Sie anschnitten:
1. Die Stickstoffdünger, zur Zeit 50 Millionen t N weltweit, werden meist in Nitratform den Pflanzen angeboten. Dabei kann NO_2 freigesetzt werden, wenn eine Denitrifikation stattfindet. Die Denitrifikation im Boden wird zur Zeit etwa bis zu 20% des verabreichten Nitrat-Stickstoffes eingeschätzt.

Durch natürliche Stickstoffbindungsvorgänge über Leguminosen oder frei lebende Bakterien werden schätzungsweise etwa zweihundert Millionen Tonnen Stickstoff allein auf der Landfläche der Erde gebunden. Hinzu kommt noch das, was in den Ozeanen gebunden wird. Die Möglichkeit, daß in diesem Bereich weit größere Mengen an NO_x entstehen, ist zumindest theoretisch vorhanden, da laufend stickstoffhaltiges, organisches Material abgebaut und der Stickstoff größtenteils nitrifiziert wird.

2. Wenn Sie die Funktion der Wälder als Brennstofflieferant in die Diskussion bringen, wird doch stickstoffhaltiges Material verbrannt und dann bekommen Sie bei Temperaturen, die bei etwa 800–900 °C liegen, sicherlich auch NO.

3. Wie steht es mit den elektrischen Entladungen in der Atmosphäre, die nun auch zu Stickoxyden führen können? Kann man dies heute schon quantifizieren?

Herr Flohn: Ich glaube, daß man im Augenblick das Problem nur formulieren kann, ohne es zu lösen. Es arbeitet mindestens eine internationale Arbeitsgruppe an diesem Problem und versucht, die quantitativen Daten der Stickstoffbilanz so genau wie möglich zu erfassen. Leider sind diese noch weniger genau bekannt als beim Kohlenstoff.

Herr Rebhan: Waren die von Ihnen genannten früheren Perioden hoher Temperaturen ebenfalls mit einem höheren CO_2-Gehalt in der Atmosphäre verbunden? Wenn dies der Fall gewesen ist, hieße es doch, daß diesen Perioden eine Zeit vorangegangen sein muß, in der der CO_2-Gehalt auf natürliche

Weise gewachsen ist. Dann wäre es aber nicht auszuschließen, daß auch zum heutigen CO_2-Anstieg natürliche Ursachen beitragen.

Herr Flohn: Ein höherer CO_2-Gehalt wurde für das Karbon (vor rund 240 Ma) vielfach vermutet; andererseits waren damals aber große Teile des großen Südkontinents vereist, was schwer mit der Vermutung in Übereinstimmung gebracht werden kann. Neueste Forschungsergebnisse über den CO_2-Gehalt von Luftblasen im Eis der Antarktis und von Grönland – von Arbeitsgruppen in Bern (OESCHGER) und Grenoble (LORIUS) – haben gezeigt, daß in der Eiszeit der CO_2-Gehalt niedriger war, in der holozänen Warmphase vielleicht etwas höher als heute. Das CO_2 ist sicher nur einer der vielen klimabestimmenden Faktoren.

Herr Rebhan: Inwieweit ist eigentlich bewiesen oder beweisbar, daß der heutige CO_2-Anstieg alleine von Menschen verursacht wird? In Ihrem Diagramm über den CO_2-Kreislauf gab es doch noch andere ziemlich große natürliche Flüsse. Wenn der CO_2-Anstieg alleine vom Menschen gemacht wäre, hieße das, daß diese unter sich im Gleichgewicht sein müßten. Kann man das so genau überhaupt feststellen?

Herr Flohn: Ein Quasi-Gleichgewicht muß existieren, das unter den natürlichen Bedingungen von heute (Land-Meer-Verteilung, Eisbedeckung usw.) größere Schwankungen des CO_2-Gehalts unmöglich macht. Daß aber viele Fragen des Kohlenstoff-Haushalts noch ganz offen sind, spricht auch der zitierte SCOPE-Bericht deutlich aus.

Herr Rebhan: Die Einbrüche in der Kurve des zeitlichen CO_2-Anstiegs um die Zeit der Weltkriege beweisen sicher einen vom Menschen verursachten Anteil des CO_2-Gehalts. Aber könnte dem nicht trotzdem ein natürlicher Anteil überlagert sein, der dann gar nicht steuerbar wäre?

Herr Flohn: Die gezeigten Daten beziehen sich auf die Produktion an fossilem CO_2, nicht auf die Konzentration in der Atmosphäre. Über streng vergleichbare Meßreihen verfügen wir leider erst seit 1958.

Herr Quick: Könnten Sie vielleicht abschließend noch ein Wort darüber sagen, ob wir in der Bundesrepublik einen angemessenen Anteil an diesem Zweig der Forschung liefern oder ob wir auf diesem Gebiet unterentwickelt sind?

Herr Flohn: Es sind in den meteorologischen Instituten an den Hochschulen und beim Deutschen Wetterdienst Bestrebungen im Gange, ein solches Klimamodell zu entwickeln; sie waren bisher nur von begrenztem Erfolg begleitet. Andererseits existiert seit einigen Jahren ein neues Max-Planck-Institut für Meteorologie, in dem gerade dieses Problem der Grundlagenforschung – ein Klimamodell, das die Wechselwirkung zwischen Atmosphäre, Ozean und Eis mit neuartigen Ansätzen behandelt – in Angriff genommen wird. Ich würde es sehr begrüßen, wenn die Arbeitsmöglichkeiten dieses Instituts, das sich noch im Aufbaustadium befindet, noch ausgebaut werden könnten. Auf dem Gebiet des Kohlenstoffhaushalts liefert eine ganze Reihe von Instituten durchaus positive Beiträge. Auf dem Gebiet der Klimageschichte scheint mir eine gezielte Förderung besonders aussichtsreich, da hier gute Vorarbeiten vorliegen.

Aber wir alle haben den Eindruck, daß im Hinblick auf den großen Nachholbedarf noch längst nicht genug geschieht; wir müssen in wenigen Jahren zu einer vorläufigen Entscheidung kommen, denn die Frage der Energiepolitik kann nicht ad infinitum auf die lange Bank geschoben werden.

Der Übergang zu einer alternativen Energieerzeugung dauert größenordnungsmäßig vierzig bis fünfzig Jahre. Dieser Übergang muß rechtzeitig vorbereitet werden, wenn man nicht Gefahr laufen will, daß der CO_2-Gehalt eine kritische Schwelle überschreitet.

Die augenblickliche Situation hat emotionell alles, was mit Kernenergie zusammenhängt, in Mißkredit gebracht; das CO_2-Problem wird demgegenüber hierzulande totgeschwiegen, obwohl das langfristige Risiko in globaler Sicht – jedenfalls bei technologischer Betrachtung – wesentlich größer und umfassender ist. Eine Politik der massiven, verstärkten Ausnutzung der Kohle bei gleichzeitigem Verzicht auf alternative Energiequellen ist im Lichte dieser Überlegungen meines Erachtens sehr gefährlich.

Veröffentlichungen
der Rheinisch-Westfälischen Akademie der Wissenschaften

Neuerscheinungen 1976 bis 1981

Vorträge N
Heft Nr.

NATUR-, INGENIEUR- UND
WIRTSCHAFTSWISSENSCHAFTEN

Heft	Autor	Titel
258	Hans Cottier, Bern	Die Lebensgeschichte der Lymphozyten und ihre Funktionen
	Sven Effert, Aachen	Über einige neuere Möglichkeiten der Herzdiagnostik
259	Dietrich Welte, Aachen	Anwendung der organischen Geochemie für die Erdölexploration
	Werner Schreyer, Bochum	Hochdruckforschung in der modernen Gesteinskunde
260	Ilya Prigogine, Brüssel	L'Ordre par Fluctuations et le Système Social
	Josef Meixner, Aachen	Entropie einst und jetzt
261	Horst E. Müser, Saarbrücken	Grundlagen und Anwendungen der Ferroelektrizität
	Heinz Bittel, Münster	Das Rauschen, ein ebenso interessantes wie störendes Phänomen
262	Ekkehard Grundmann, Münster	Vorstadien des Krebses
	Norbert Hilschmann, Göttingen	Das Antikörperproblem, ein Modell für das Verständnis der Zelldifferenzierung auf molekularer Ebene
263	Hans K. Schneider, Köln	Die Zukunft unserer Energiebasis als ökonomisches Problem
	Hans Frewer, Erlangen	Wandel der Energietechnik durch Einsatz neuer Energieträger
264	Wolfgang Pitsch, Düsseldorf	Thermodynamik der Eisenmischkristalle
	Bernhard Ilschner, Erlangen	Innere Regelkreise bei der Hochtemperatur-Verformung kristalliner Festkörper
265	Franz Huber, Seewiesen (Obb.)	Lautäußerungen und Lauterkennen bei Insekten (Grillen) Jahresfeier am 26. Mai 1976
266	Herbert Giersch, Kiel	Perspektiven der Entwicklung der Weltwirtschaft
	Norbert Szyperski, Köln	Unternehmungs- und Gebietsentwicklung als Aufgabe einzelwirtschaftlicher und öffentlicher Planung
267	Hans Brand, Erlangen	Möglichkeiten und Grenzen einer technischen Nutzung der Sonnenenergie
	Karl-Friedrich Knoche, Aachen	Thermochemische Wasserzersetzungsprozesse
268	Bartel Leendert van der Waerden, Zürich	Die vier Wissenschaften der Pythagoreer
	Hans Hermes, Freiburg i. Br.	Hundert Jahre formale Logik
269	Karl Ernst Wohlfarth-Bottermann, Bonn	Cytoplasmatische Actomyosine und ihre Bedeutung für Zellbewegungen
	Ernst Zebe, Münster	Anaerober Stoffwechsel bei wirbellosen Tieren
270	Ronald Mason, Brighton, U. K.	The Evolution of a Coordination and Organometallic Chemistry of Surfaces
	Max Schmidt, Würzburg	Elementarer Schwefel – neue Fragen zu einem alten Problem
271	Wolfgang Flaig, Braunschweig	Fortschritte auf dem Gebiet der Biochemie des Bodens im Bezug zur pflanzlichen Produktion (Übersicht)
	Hermann Kick, Bonn	Probleme der Düngung in der modernen Landwirtschaft
272	Dietrich W. Lübbers, Dortmund	Die Sauerstoffversorgung der Warmblüterorgane unter normalen und pathologischen Bedingungen
	Gerhard Neuweiler, Frankfurt/M.	Die Echoortung der Fledermäuse
273	Ulrich Bonse, Dortmund	Interferometrie mit Röntgen- und Neutronenstrahlen
	Horst Stegemeyer, Paderborn	Flüssige Kristalle: Strukturen, Eigenschaften und Bedeutung
274	Kurt Fränz, Ulm	Humanismus und Technik – Variationen über ein altes Thema
275	Joseph Rutenfranz, Dortmund	Arbeitsphysiologische Grundprobleme von Nacht- und Schichtarbeit
	Rainer Bernotat, Meckenheim	Ergonomische Gestaltung von Mensch-Maschine-Systemen
276	Gerhard Fels, Kiel	Wiederbelebung der privaten Investitionstätigkeit als wirtschaftspolitische Aufgabe
	Herbert Hax, Köln	Finanzwirtschaftliche Planung in der Unternehmung bei Geldentwertung
277	Friedrich Liebau, Kiel	Fortschritte auf dem Gebiet der Kristallchemie der Silikate

278	Heinrich Kuttruff, Aachen	Gelöste und ungelöste Fragen der Konzertsaalakustik
	Hermann Schenck, Aachen	Prosperität und Handlungsfreiheit der Stahlindustrie im Kraftfeld konjunktureller und struktureller Bewegungen
279	Joseph Straub, Köln	Züchtungsforschung im Dienste der Ernährung
		Jahresfeier am 3. Mai 1978
280	Heinrich Mandel, Essen	Die Kernenergie im Spannungsfeld zwischen wirtschaftlicher Nutzung und öffentlicher Billigung
281	Wolfgang Zerna, Bochum	Probleme des Spannbetons
	Karl Kordina, Braunschweig	Über das Brandverhalten von Bauteilen und Bauwerken
282	Werner H. Hauss, Münster	Über die Möglichkeit, Koronarsklerose und Herzinfarkt zu verhüten und zu behandeln
	Ludwig E. Feinendegen, Jülich	Externe Messung von Herzstruktur und -funktion
283	Gotthilf Hempel, Kiel	Meeresfischerei als ökologisches Problem
	Eugen Seibold, Kiel	Rohstoffe in der Tiefsee – Geologische Aspekte
284	Heinz-Günther Wittmann, Berlin	Ribosomen und Proteinbiosynthese
285	Helmut Domke, Aachen	Sicherungsmaßnahmen gegen Bergschäden und Erdbeben
	Friedrich-Wilhelm Gundlach, Berlin	Der Einfluß des Regens auf die Ausbreitung von Mikrowellen
286	Horst Rollnik, Bonn	Ideen und Experimente für eine einheitliche Theorie der Materie
287	John C. Harsanyi, Berkeley, Bonn	A new solution concept for both cooperative and noncooperative games
	Reinhard Selten, Bielefeld	Experimentelle Wirtschaftsforschung
288	Friedrich Hund, Göttingen	Die Rolle des Dualismus Welle-Teilchen beim Werden der Quantentheorie
	Claus Müller, Aachen	Neue Verfahren zur Lösung der elliptischen Randwertprobleme der Mathematischen Physik
289	Ulrich Hütter, Stuttgart	Moderne Windturbinen
	Rudolf Schulten, Jülich	Kernenergietechnik heute
290	Paul Arthur Mäcke, Aachen	Planerische Möglichkeiten für einen humanen Stadtverkehr
	Karlheinz Roik, Bochum	Schrägseilbrücken – Beispiele und Entwicklungstendenzen im modernen Stahlbrückenbau
291	Stefan Vogel, Wien	Florengeschichte im Spiegel blütenökologischer Erkenntnisse
	Walter Larcher, Innsbruck	Klimastreß im Gebirge – Adaptationstraining und Selektionsfilter für Pflanzen
292	Günther Gerisch, Basel	Periodische Enzymaktivierung als Kontrollfaktor multizellulärer Entwicklung
	Jens Blauert, Bochum	Neuere Ergebnisse zum räumlichen Hören
293	Franz Grosse-Brockhoff, Düsseldorf	Herzbehandlung mit dem ‚Fingerhut' einst und jetzt
294	Norbert Kloten Stuttgart	Das Europäische Währungssystem. Eine europapolitische Grundentscheidung im Rückblick
295	Karl Schindler, Bochum	Die Magnetosphäre der Erde und ihre Dynamik
296	Eugene P. Cronkite, New York	The hungry granulocyte – Its fate and regulation of production
297	Volker Aschoff, Aachen	Aus der Geschichte der Telegraphen-Codes
	Hans Dieter Lüke, Aachen	Moderne Probleme der Nachrichten-Codierung
298	Karl Kremer, Düsseldorf	Kunststoffe in der Chirurgie
	Gerd Meyer-Schwickerath, Essen	Augenoperationen in mikroskopischen Dimensionen
299	Wolfgang Backé, Aachen	Die Rolle der Fluidtechnik bei der Entwicklung neuartiger Maschinenkonzepte
	Rolf Staufenbiel, Aachen	Entwicklung des zivilen Luftverkehrs unter den Aspekten der Umweltbelastung und dem Zwang von Energieersparnis
300	Hans Adolf Krebs, Oxford	On asking the right kind of question in biological research
	Jozef Schell, Köln	Neue Aussichten für die Pflanzenzüchtung: Gen-Übertragung mit dem Ti-Plasmid
301	Gerhard M. Schneider, Bochum	Fluide Mischungen bei hohen Drücken
	Albrecht Maas, Bonn	Direktbeobachtung und Analyse von Kristallwachstumsvorgängen im hochauflösenden Transmissions-Elektronenmikroskop
302	Albrecht Rabenau, Stuttgart	Lithiumnitrid und verwandte Stoffe
	Ulrich Wannagat, Braunschweig	Sila-Substitutionen
303	Hans K. Schneider, Köln	Wirtschaftliches Wachstum – trotz erschöpfbarer natürlicher Ressourcen?
		Jahresfeier am 11. Juni 1980
304	Hermann Flohn, Bonn	Kohlendioxyd, Spurengase und Glashauseffekt: ihre Rolle für die Zukunft unseres Klimas

ABHANDLUNGEN

Band Nr.

30	Walter Hubatsch, Bonn u. a.	Deutsche Universitäten und Hochschulen im Osten
31	Anton Moortgat, Berlin	Tell Chuēra in Nordost-Syrien. Bericht über die vierte Grabungskampagne 1963
32	Albrecht Dihle, Köln	Umstrittene Daten. Untersuchungen zum Auftreten der Griechen am Roten Meer
33	Heinrich Behnke und Klaus Kopfermann (Hrsg.), Münster	Festschrift zur Gedächtnisfeier für Karl Weierstraß 1815-1965
34	Joh. Leo Weisgerber, Bonn	Die Namen der Ubier
35	Otto Sandrock, Bonn	Zur ergänzenden Vertragsauslegung im materiellen und internationalen Schuldvertragsrecht. Methodologische Untersuchungen zur Rechtsquellenlehre im Schuldvertragsrecht
36	Iselin Gundermann, Bonn	Untersuchungen zum Gebetbüchlein der Herzogin Dorothea von Preußen
37	Ulrich Eisenhardt, Bonn	Die weltliche Gerichtsbarkeit der Offizialate in Köln, Bonn und Werl im 18. Jahrhundert
38	Max Braubach, Bonn	Bonner Professoren und Studenten in den Revolutionsjahren 1848/49
39	Henning Bock (Bearb.), Berlin	Adolf von Hildebrand, Gesammelte Schriften zur Kunst
40	Geo Widengren, Uppsala	Der Feudalismus im alten Iran
41	Albrecht Dihle, Köln	Homer-Probleme
42	Frank Reuter, Erlangen	Funkmeß. Die Entwicklung und der Einsatz des RADAR-Verfahrens in Deutschland bis zum Ende des Zweiten Weltkrieges
43	Otto Eißfeldt, Halle, und Karl Heinrich Rengstorf (Hrsg.), Münster	Briefwechsel zwischen Franz Delitzsch und Wolf Wilhelm Graf Baudissin 1866-1890
44	Reiner Haussherr, Bonn	Michelangelos Kruzifixus für Vittoria Colonna. Bemerkungen zu Ikonographie und theologischer Deutung
45	Gerd Kleinheyer, Regensburg	Zur Rechtsgestalt von Akkusationsprozeß und peinlicher Frage im frühen 17. Jahrhundert. Ein Regensburger Anklageprozeß vor dem Reichshofrat. Anhang: Der Statt Regenspurg Peinliche Gerichtsordnung
46	Heinrich Lausberg, Münster	Das Sonett Les Grenades von Paul Valéry
47	Jochen Schröder, Bonn	Internationale Zuständigkeit. Entwurf eines Systems von Zuständigkeitsinteressen im zwischenstaatlichen Privatverfahrensrecht aufgrund rechtshistorischer, rechtsvergleichender und rechtspolitischer Betrachtungen
48	Günther Stökl, Köln	Testament und Siegel Ivans IV.
49	Michael Weiers, Bonn	Die Sprache der Moghol der Provinz Herat in Afghanistan
50	Walther Heissig (Hrsg.), Bonn	Schriftliche Quellen in Moġolī. 1. Teil: Texte in Faksimile
51	Thea Buyken, Köln	Die Constitutionen von Melfi und das Jus Francorum
52	Jörg-Ulrich Fechner, Bochum	Erfahrene und erfundene Landschaft. Aurelio de' Giorgi Bertòlas Deutschlandbild und die Begründung der Rheinromantik
53	Johann Schwartzkopff (Red.), Bochum	Symposium ‚Mechanoreception'
54	Richard Glasser, Neustadt a. d. Weinstr.	Über den Begriff des Oberflächlichen in der Romania
55	Elmar Edel, Bonn	Die Felsgräbernekropole der Qubbet el Hawa bei Assuan. II. Abteilung. Die althieratischen Topfaufschriften aus den Grabungsjahren 1972 und 1973
56	Harald von Petrikovits, Bonn	Die Innenbauten römischer Legionslager während der Prinzipatszeit
57	Harm P. Westermann u. a., Bielefeld	Einstufige Juristenausbildung. Kolloquium über die Entwicklung und Erprobung des Modells im Land Nordrhein-Westfalen
58	Herbert Hesmer, Bonn	Leben und Werk von Dietrich Brandis (1824-1907) - Begründer der tropischen Forstwirtschaft. Förderer der forstlichen Entwicklung in den USA. Botaniker und Ökologe
59	Michael Weiers, Bonn	Schriftliche Quellen in Moġolī, 2. Teil: Bearbeitung der Texte

60	*Reiner Haussherr, Bonn*	Rembrandts Jacobssegen Überlegungen zur Deutung des Gemäldes in der Kasseler Galerie
61	*Heinrich Lausberg, Münster*	Der Hymnus ›Ave maris stella‹
62	*Michael Weiers, Bonn*	Schriftliche Quellen in Mogoli, 3. Teil: Poesie der Mogholen
63	*Werner H. Hauss (Hrsg.), Münster, Robert W. Wissler, Chicago, Rolf Lehmann, Münster*	International Symposium 'State of Prevention and Therapy in Human Arteriosclerosis and in Animal Models'
64	*Heinrich Lausberg, Münster*	Der Hymnus ›Veni Creator Spiritus‹
65	*Nikolaus Himmelmann, Bonn*	Über Hirten-Genre in der antiken Kunst
66	*Elmar Edel, Bonn*	Die Felsgräbernekropole der Qubbet el Hawa bei Assuan. Paläographie der althieratischen Gefäßaufschriften aus den Grabungsjahren 1960 bis 1973

Sonderreihe
PAPYROLOGICA COLONIENSIA

Vol. I
Aloys Kehl, Köln — Der Psalmenkommentar von Tura, Quaternio IX

Vol. II
Erich Lüddeckens, Würzburg,
P. Angelicus Kropp O. P., Klausen,
Alfred Hermann und Manfred Weber, Köln — Demotische und Koptische Texte

Vol. III
Stephanie West, Oxford — The Ptolemaic Papyri of Homer

Vol. IV
Ursula Hagedorn und Dieter Hagedorn, Köln
Louise C. Youtie und Herbert C. Youtie,
Ann Arbor — Das Archiv des Petaus (P. Petaus)

Vol. V
Angelo Geißen, Köln — Katalog Alexandrinischer Kaisermünzen der Sammlung des Instituts für Altertumskunde der Universität zu Köln
Band 1: Augustus-Trajan (Nr. 1-740)
Band 2: Hadrian-Antoninus Pius (Nr. 741-1994)

Vol. VI
J. David Thomas, Durham — The epistrategos in Ptolemaic and Roman Egypt.
Part 1: The Ptolemaic epistrategos

Vol. VII — Kölner Papyri (P. Köln)
Bärbel Kramer und
Robert Hübner (Bearb.), Köln — Band 1
Bärbel Kramer und
Dieter Hagedorn (Bearb.), Köln — Band 2
Bärbel Kramer, Michael Erler, Dieter Hagedorn und Robert Hübner (Bearb.), Köln — Band 3

Vol. VIII
Sayed Omar, Kairo — Das Archiv des Soterichos (P. Soterichos)

Vol. IX
Dieter Kurth, Heinz-Josef Thissen und
Manfred Weber (Bearb.), Köln — Kölner ägyptische Papyri (P. Köln ägypt.)
Band 1

Verzeichnisse sämtlicher Veröffentlichungen der
Rheinisch-Westfälischen Akademie der Wissenschaften können beim
Westdeutschen Verlag GmbH, Postfach 300 620, 5090 Leverkusen 3 (Opladen),
angefordert werden

If you have any concerns about our products,
you can contact us on
ProductSafety@springernature.com

In case Publisher is established outside the EU,
the EU authorized representative is:
**Springer Nature Customer Service Center GmbH
Europaplatz 3, 69115 Heidelberg, Germany**

Printed by Libri Plureos GmbH
in Hamburg, Germany